JN033351

ユーザ調査法

高橋秀明

（新訂）ユーザ調査法（'20）

装丁・ブックデザイン：畑中　猛

s-30

まえがき

この「ユーザ調査法」という科目は、基本的には、情報通信機器やサービスを企画したり、設計したりする際に、それを利用する人々の特性を調査し、その結果を考慮した企画や設計を行うための方法論を学ぶ、という趣旨で開設されている。

しかし、この科目は単に企画担当者や設計者だけを対象にしたものではない。受講生の皆さんの多くは、利用者の立場で、パソコンやスマホ、電子ブック、テレビ、オーディオ機器などの情報通信機器を利用していることと思う。この科目は、そのような利用者をこそ対象にしている。そうした利用者の立場から、機器やシステムがどうあるべきかを考えることには、次のような３つの意義があると考えるからである。１つ目は、人間についての基礎的な学問である心理学などの知識を実践に活かす場面となるからである。科学は実践に活かしてこそ意味がある。２つ目に、従来の科学技術観を見直すきっかけを与えるだろうからである。従来の科学観によれば、このような利用者は単なる「利用者」にすぎず、科学技術の成果を受け取るだけの存在にすぎなかった。しかし、一般の利用者が科学技術のあり方に対して意見を述べることが当たり前の時代になってきている。この意味では、放送大学の学生の皆さん全員に受講してもらってもよいとさえ思っている。３つ目の意義は、２つ目とも関連しているが次のようなことである。この科目では、利用者の立場から情報通信機器のあり方を考えるが、これを練習問題として、受講生の皆さんが日常生活において抱えている課題を解決する方法を学んでほしいということがある。

この「ユーザ調査法」という科目は、2012年度に開講した「情報機器利用者の調査法」の後継科目として2016年度に開講した同名科目の後継科目である。2016年度開講科目までは、黒須正明先生と高橋とで主任講師を務め、三輪眞木子先生、青木久美子先生、大西仁先生に分担講師をお願いし、全5名で担当していた。今回の2020年度開講科目は科目名は同じ「ユーザ調査法」であるが、高橋が全てを1人で担当するとともに、科目全体としての統一をはかるべく内容の見直しも行っている。その際に、旧科目の印刷教材や放送教材を何度も見直して、本科目の制作にも参考にさせていただいた。この場を借りて、黒須先生はじめ分担講師の先生方の学恩に感謝を申し上げたい。

本科目は、レベル的には大学院でもよいと思える部分もあるが、こうした内容を学部のうちに学習することで、前述したような3つの意義を理解することができるだろう。また、是非そうした利用の仕方もしていただきたいと考えている。

各章末には、学習課題または演習問題を付けている。演習問題には解答と解説とを付けている。学習課題は、自由課題という形式にしているが、その理由は、回答が正しいかどうかということよりも、自分の頭で考え、自分で実践し、自分なりにまとめてみることが大切であるからである。学習課題にも、ぜひともトライしてみていただきたいと希望している。

令和元年（2019年）9月

高橋　秀明

目次

1　ユーザを知る１：考え方(１)

《目標＆ポイント》 (１)使いにくい、分かりにくい情報機器は、情報機器の利用者（ユーザ）のことを考えずに開発されたことが大きな原因であることを理解する。(２)情報機器のユーザについてきちんと調べてからものづくりをするという、人間中心設計の考え方の必要性を理解する。(３)ユーザ調査法が認知心理学の研究法を応用していることを理解すると同時に、ユーザを調査する際の注意点を理解する。
《キーワード》 ユーザ、使いやすさ（ユーザビリティ)、人間中心設計、認知心理学

---

1. はじめに

最初に、本書のタイトルである「ユーザ調査法」について検討したい。まえがきでも触れているように、本科目は「情報機器利用者の調査法」の後継科目であるので、そのタイトル「情報機器利用者の調査法」について検討するのがわかりやすい。このタイトルは、「情報機器」「利用者」の「調査法」というように３つの用語からなる。

(１) 情報機器は遍在している「認知的」人工物である

「情報機器」とは、情報技術を利用して開発された機器という意味で、ハードウエア（例：パソコン）だけでなく、ソフトウエア（例：ウェブブラウザ)、そしてサービス（例：ネットバンキング）を含む。

情報技術とは最近ではむしろ「情報通信技術（ICT：Information and Communication Technology)」と言われることが多い。情報通信技術自体については、本書では扱わない。ここでは、情報通信技術の特徴として、「より速く」「より小さな」計算機を開発しようとしていることを挙げたい。その結果、情報通信技術を利用して開発された機器は、われわれ人間の生活の中に遍在するようになっている。人間がそのような機器を利用していることを意識していないような機器も多数存在している。

読者の身近にある機器を想像してみてほしい。携帯電話やスマートフォンは単なる持ち運びできる電話機ではない。時計やカレンダーや電卓の機能を持っていたり、メールやインターネットを利用することのできる汎用計算機である。最近の自動車はエンジンの制御に計算機を利用しているが、それを意識することはない。自動車に付いているカーナビゲーションを利用するときには、それが計算機であることを意識することはないかもしれない。スマートフォンについている GPS 機能によって、それが存在している位置を検出することが可能であり、その位置情報を利用したサービスも受けることができる。

さて、情報機器は単なる人工物（つまり、人間によって作られた物）ではなく「認知的」人工物である。その意味は、情報機器は、人間の知的な機能を代替したり増幅したりするための人工物であるということである。人間の知的な機能の多くは「計算」と見なすことができる。そこで計算機つまりコンピュータというのは代表的な情報機器となる。

情報技術の進歩によって、多くの情報機器が廉価になり、普通の人が情報機器を使う、ということが当たり前になってきている。昔であれば専門家しか使わなかったであろう情報機器を今は一般人が使っている。いわば、技術の民主化が起こっている。その結果、専門家には予想も想定もできないことを一般人がするために、ユーザについて調査する、いわゆるユーザビリティ評価の必要性が高まっていることも事実であろう。

（2）利用者とは「ユーザ」のことである

２つ目の用語「利用者」について説明する。利用者とは文字通り「利用する者」のことである。ここで「者」とは「個人」に限定されるのではなく、複数のグループであったり、集団や組織のことを指す場合もある。

本書では、このような状況を踏まえ、利用者のことを、「情報機器を利用する主体」という意味を込めて「ユーザ」と表記し、新科目名にも掲げることにしたものである。

ユーザは個人であれ集団であれ、組織であれ人間である。そこで、そのような人間であるユーザをどのように捉えることができるのか？　について、心理学の基本的な人間観を紹介しながら、第２章で詳しく説明する。個人としてのユーザには個人差がある。当然のことであるが、個人が集まった集団や組織にも差があることになる。このような人間の多様性については、第３章において詳しく説明する。また、ユーザについての厳密な分類については、第15章で説明している。

（3）調査法は心理学の方法論を応用している

３つ目の用語「調査法」について説明する。本書では、「調べる方法」という意味で使用している。調べる対象は上で説明したとおり、ユーザである。ユーザとは個人であれ集団であれ人間である。人間を調べる学問はさまざまあるが、実証性を重んじていて、開発現場にも役立つ学問は心理学である。本書でも、心理学における研究方法論を応用したユーザ調査法を説明することになる。よって、本書の内容を理解するためにも、心理学研究法自体の知識は役に立つ。

こうして、日常生活に遍在している情報機器のユーザについて調査する方法を講ずるのが本書の目的となる。現在は情報社会であるので、結局、現代の人間生活を、主に認知的人工物の利用の観点から検討する、ということになる。

2. ユーザビリティとは

(1) 情報機器は使いにくい、分かりにくい

さて、私たちは、このような情報機器を使いながら日常生活を営んでいるが、使いにくいものや、分かりにくいものがあることも事実である。たとえば、スマートフォンは使いやすいだろうか？　メールを打って送る、電話を使う、というくらいであればスマートフォンを使うことに支障はないと言う人でも、たとえば、目覚まし時計として使う、データをメモリカードへコピーする、という場合には取扱説明書を参照にするだろう。スマートフォンを初めて使う高齢者であれば、電話やメールを使うことにも困難を覚えるだろう。

このように情報機器が使いにくい、分かりにくいものになってしまう原因にはさまざまなことが考えられるが、本書では、ユーザのことをあまり考えずに、情報機器を開発し製造してしまったことが大きな原因と考える。

(2) 利用しやすさ（ユーザビリティ）概念の定義

ここまで、「使いにくい」「分かりにくい」という用語を素朴に使ってきたが、改めて用語を整理しておく。ここでは、ISO 9241-11 によるユーザビリティの定義を紹介する。この規格は、視覚表示装置を用いた

オフィスワークのための規格で1998年に成立したものである。日本語訳は、JIS Z-8521を参考にしている。

- ユーザビリティ（usability）：特定の利用状況において、特定のユーザによって、ある製品が、指定された目標を達成するために用いられる際の、有効さ、効率、ユーザの満足度の度合い。
- 有効さ（effectiveness）：ユーザが指定された目標を達成する上での正確さ、完全性。
- 効率（efficiency）：ユーザが目標を達成する際に、正確さと完全性に費やした資源。
- 満足度（satisfaction）：製品を使用する際の、不快感のなさ、および肯定的な態度。
- 利用状況（context of use）：ユーザ、仕事、装置（ハードウエア、ソフトウエアおよび資材）、並びに製品が使用される物理的および社会的環境。

（3）人間中心設計のプロセスにおけるユーザ調査

情報機器に限定されないが、製品開発における設計は、技術中心設計という考え方に従って行われてきたと言える。つまり、技術の達成水準に従って製品の仕様が決定され、製品が製造される。製品の仕様とは、外見的な面（大きさや重さ、色、形など）に限らず、内面的な面（操作手順の単位や順序、それらの表示方法など）も含まれる。

ところが、このような技術中心主義に基づいて開発された製品の中で、ユーザが使いにくい、分かりにくいものがたくさんあるということがわかってきた。そこで、ユーザのことを考えて製品を開発しようという、人間中心設計という考え方が提案され、重視されるようになってきた。つまり、ユーザの特性やそのおかれている状況をきちんと把握して、どのようなユーザがどのような目的で、どのような場面で、その製品を利用するのかを明確にし、製品開発の設計を行うということである。

人間中心設計の進め方のその具体的手法について、ここでは、ISO 13407を例にして説明する。この規格は、対話的なシステム開発のための人間中心設計の考え方の基本になったもので、1999年に制定された。なお、この規格はその後改訂が行われ、現在はISO 9241-210になっている（第15章参照）。図1-1に、人間中心設計プロセスの概念図を示す。

まず、人間中心設計が必要であると同定される（ニーズの同定）と、このプロセスに入る。このプロセスは、ユーザの利用状況の理解と明確化から始まり、ユーザや組織の要求事項の明確化、設計による解決案の作成が行われ、設計（の解決案）を要求事項に照らして評価し、その評価結果が満足のいくものであれば、開発されたシステムは目標機能、ユーザや組織の要求に適合しているとされて、このプロセスが終了する。しかし、満足のいく評価が得られないと、最初の利用状況の理解と明確化に戻って、再度同じサイクルを繰り返し、満足のいく評価が得ら

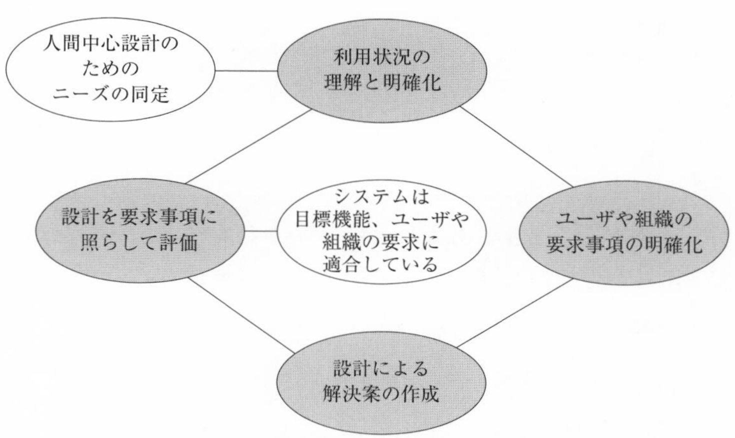

図1-1　人間中心設計プロセスの概念図

れるまで続く、というものである。

この人間中心設計のプロセスにおいて、ユーザを調査する必要があるのはどのタイミングであろうか？　４つの段階について、一つずつ検討してみる。なお、情報機器を新規開発する場合と改良改善のための開発を行う場合とで、特に区別はしていない。

- 利用状況の理解と明確化

ユーザを調査しないことには、ユーザが情報機器を利用する状況はわからないであろう。開発者は、ユーザ調査をしないで、利用状況を明確にすることはできないであろう。

- 要求事項の明確化

前段階で明らかにされた要件を、次段階の設計で実現するために要求事項を明確にする段階であり、直接的にユーザを調査する必要はないと想定されていると言えよう。

- 設計による解決案作成

設計自体は専門家である開発者が行うことである。ユーザ調査とは基本的には独立に進めることができる。しかし、設計における解決案を作成する過程で、解決案の候補を絞り込む際に評価を行うという形でユーザ調査をすることは皆無ではない。

- 設計を要求事項に照らして評価

ユーザビリティテストは、主には、この段階で実施される評価活動のことをいう。

このように、人間中心設計においては、主に「利用状況の理解と明確化」と「設計を要求事項に照らして評価」との２つの段階において、ユーザを調査する必要性のあることがわかるだろう。ユーザを調査する際には、何らかの仮説を持っている場合と何の仮説も持っていない場合とがある。製品の改良改善のためにユーザを調査する場合には、仮説を持っていることが多いであろう。たとえば、現在の製品の問題点を改善する案を試すことができる場合である。逆に、同じ場面でも、調査協力者が当該の情報機器に対して、まったく予想しない操作をすることを観察した場合には、今までにはなかった仮説を生み出すことができることもある。このように、ユーザ調査は、仮説検証のためにも仮説生成のためにも行われるわけである。

3. 本書の概要

本章の残りで、本書の概要を述べておく。

まず本章と次の第２章とは、ユーザ調査の前提となる考え方や方法の枠組みを示している。第３章は人間の多様性について論じている。その議論の中で、環境の多様性も大切であることを論じた。第４章は、ユーザを調べる方法論の基礎としての観察について検討した。

第５～14章は、ユーザを調査するさまざまな方法について説明しており、本書の主要な部分である。最後の第15章はまとめである。

ユーザ調査法の見取り図

第５～14章で、ユーザを調査するさまざまな方法について説明していくが、ここでは、その全体を見取り図的に示しておく（図１－２）。情報通信機器は認知的人工物であるので、心理学の中でも特に認知心理学の研究手法が参考になる。これについて、海保・田辺（1996）に基づいて紹介する。

海保・田辺（1996）は、調査対象が「遂行か過程か」という軸と「行為か内省か」という軸とによって、認知心理学の研究手法を次の４つに分類している。

①心を自分で語る〈遂行・内省データ〉〔例〕内観法、評価法

②できるだけ速く正確に〈遂行・行為データ〉〔例〕反応時間、学力テスト
③そのときに起こっていることを測る〈過程・行為データ〉〔例〕動作分析、生理的計測
④そのとき起こっていることを語る〈過程・内省データ〉〔例〕プロトコル分析

この考え方を参考にして、図1-2に、ユーザ調査法の見取り図を示す。なお、本書では「内省」という用語と同じ意味として「内観」という用語を使うことにする。第5章で扱われるユーザの感覚・知覚や感情・感性についての測定は、評定法である。情報機器を利用した遂行結果についての評定である。第6、7章で扱われる質問紙法とインタビュー法は、より大きな概念としては質問法と言われる。情報機器を利用した遂行結果についての評定あるいは内観である（なお、質問法には、学力テストのように、遂行・行為データも含まれている）。第8章

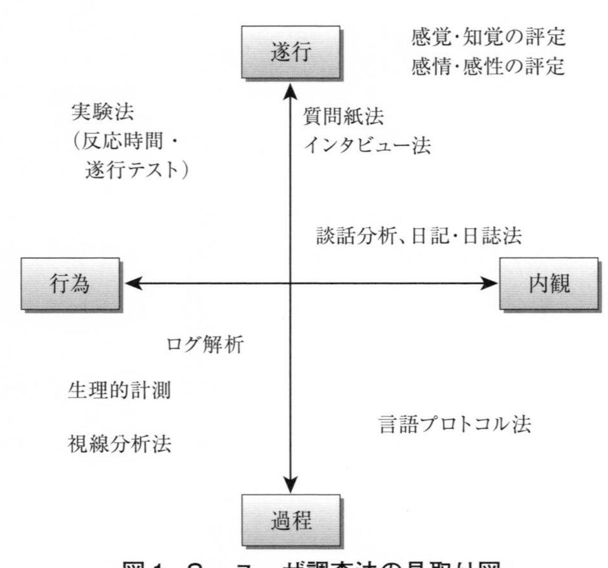

図1-2　ユーザ調査法の見取り図

は、情報通信機器やサービスを利用している過程について語る言語プロトコル法と、その過程で測定される視線分析法とを扱っている。第9章では主に、情報通信機器を利用した遂行結果について、その反応時間や遂行テストを扱っている。第10章は、情報通信機器を利用している過程で得られるログ記録とその時間的変化を扱っている。第11章は情報通信機器を利用した遂行結果について語る（談話分析）あるいは書き留める（日記・日誌法）という方法を扱っている。

第12章および第14章は、図1－2の枠組みのすべてを活用した調査法と言える。第12章はある特定のケースを詳細に記述する方法、第14章は利用することのできる方法をたくさん利用する多面的観察法を扱っている。第13章では生理的評価を扱っている。

学習課題

1.1　日常生活において利用している情報通信機器を取り上げて、その機器のどこがどのように「認知的人工物」と言えるのか考察せよ。

1.2　上の1.1の課題を考えている最中の自分自身を内観してみよ。いつもの自分と違う場合には、どこが違うかを書き出してみよ。

引用文献

海保博之・田辺文也（1996）『ヒューマン・エラー―誤りからみる人と社会の深層』新曜社

参考文献

本科目全体と関連が深い放送大学科目として、以下を挙げておく。
黒須正明・暦本純一「コンピュータと人間の接点（'18）」
青木久美子・高橋秀明「日常生活のデジタルメディア（'18）」
心理学研究法については、以下の放送大学科目が参考になる。
三浦麻子「心理学研究法（'20）」
人間中心設計，特に ISO 13409 や ISO 9241-11 については、以下が参考になる。
黒須正明・平沢尚毅・堀部保弘・三樹弘之（2001）『ISO 13407 がわかる本』オーム社
最新の人間中心設計の考え方については、以下が参考になる。
黒須正明（2013）『人間中心設計の基礎』HCD ライブラリー第 1 巻，近代科学社

2　ユーザを知る2：考え方(2)

《目標＆ポイント》 (1)情報機器のユーザを知ることは、本来的に困難であることを理解する。(2)ユーザについて考える際には、認知心理学における人間についての捉え方が参考になることを理解する。
《キーワード》 内観、人間工学、情報処理論的認知心理学、状況論、社会・文化的アプローチ、生態心理学

1．はじめに

第1章で説明したように、情報機器を開発する際には、その情報機器のユーザのことを考えることが必要である。それでは、ユーザをどのように考えることができるのであろうか？　その答えはユーザを調査した結果わかることだが、それは本書全体で扱うことである。本章では、そもそもユーザとは何かを考えるための切り口をいくつか紹介したい。

2．自分を振り返る（内観してみる）

情報機器を開発する場合、開発者はユーザのことをどれほど理解しているのだろうか？　開発者としては、自分が開発する情報機器について、あらゆることに熟知しているので、そのユーザになりきって、自分の開発する情報機器の使いやすさを評価することは本来的に困難であろう。しかし、ユーザとして自分を振り返ってみて、開発しようとしている情報機器の使いやすさを検討することは重要である。

使いやすさを検討する側面はたくさんあるが、主に次のようなことである。

情報機器の仕様を振り返る：どのような機能を持っているか？　その機能をどのようなやり方で表現しているのか？　機能を働かせるために、どのような操作手順を想定しているのか？　その手順をどのように表現しているのか？

機能は、ユーザが本当に必要としているのか？　分かりやすいか？　安全か？

操作手順は、ユーザにとって分かりやすいか？　不可能なことを求めていないか？　操作に失敗しても安全か？

開発者は、できるだけ虚心に振り返る必要があるが、自分で自分自身を振り返ることには根本的な限界がある。なぜなら、主観的と言われるからである。客観的に振り返るには、結局、他人を観察するしかない。まず、ユーザ像を想定してみることから考えてみる。

3. ユーザを想定することは難しい

ユーザは人間であるので、人間の個人属性によって、ユーザは千差万別に想定することができる。たとえば、年齢、性別、身体特性（身長・体重・手指の大きさや長さ、視力、聴力など）ばかりでなく、心理的な特性（性格、認知スタイル、知的能力、既有知識、経験など）によっても人間はさまざまである（より詳しくは、第３章「人間の多様性、そして環境の多様性」を参照のこと）。

以上は、個人差のうち、個人間差と言われていることである。人間個人ごとに、その個人属性には違いがあるということである。一方で、個人差には個人内差と言われている側面もある。これは同じ個人でも時間や場所や状況によって変化するということである。たとえば、自分のよく知っている環境のほうが、そうでないよく知らない環境よりも能力を発揮しやすい、ということである。

第１章において、ユーザは個人に限定されないと述べた。このようにさまざまな個人が集まった集団や組織もユーザと捉えることができるが、その集団や組織も、個人以上にさまざまであると言わざるをえない。

さて一方で、開発しようとしている情報機器によっては、具体的なユーザ像を想定することも可能である。たとえば、ある特定の作業で利用するのであれば、「その作業についての専門的な知識やスキル、経験を持っている人」ということである。あるいは公共機関で利用するのであれば、「万人、あまねく人」ということもあるわけである。しかし、このように、個人属性への制約が小さくなるほど、情報機器を開発するための制約が大きくなることも事実であろう。万人向けの情報機器であるほうが、その開発にあたって想定し配慮しなければならないことは多くなるわけである。

情報機器の開発現場でよく言われる言説がある。まず、ユーザは無知である、と言われる。新しい情報機器を開発した場合には、まさに、「新しい」ゆえにユーザはその情報機器について無知である。通常は、その情報機器について、その目的や機能、利用方法などが書かれた取扱説明書（マニュアル）を読んでから、実際に利用し始めることになる。

ユーザはわがままである、とも言われる。当該の情報機器を利用するにあたり、分厚いマニュアルを読むことは普通はなく、使い方を事前に学ばずに、自己流に使い始める。そして、少しでも問題があるとすぐに文句を言う。声を上げるユーザはまだよいが、黙って使わなくなるということもしばしば起こる。

ユーザは飽きやすい、とも言われる。新製品が出るとすぐに購入して使い始めるが、すぐに飽きてしまい使わなくなる。流行から外れた製品は見向きもされなくなる。

一方で、自分自身を振り返ってみると、まったく逆の場合があることに気づく。つまり、新しい情報機器であったとしても、ユーザのほうがよく知っているという場合もある。マニュアルを丹念に読んでから使うユーザもいる。当然のことであるが、使いやすく使い続けられている情報機器があるのも事実である。学ばなくても使うことができる、使うことが楽しい、使うことがかっこいい、そのような情報機器は使い続けられる。

また、当該の情報機器しかないので、それを使い続けなければならない、ということもある。同じユーザでも、利用する情報機器によって、マニュアルを読む場合もあれば読まない場合もある。使い続ける場合もあれば、すぐに使わなくなる場合もある。

このように、ユーザを想定することは本来的に困難である。しかし、ユーザを理解し、情報機器の開発に役に立つ考え方があるので以下で紹介したい。

4. ユーザの身体を計測する：人間工学の観点

情報機器に限定されないが、人間が利用する機器を開発する際に、人間工学に基づいて、人間の身体について計測を行った基礎資料を参照にすることが当然となっている。人間は身体を持っており、身体は物理的な特徴として計測することが可能であるからである。

たとえば、情報機器の大きさや重さ、操作ボタンの大きさやボタン間距離などの仕様は、人間の手についての計測結果から平均的な大きさが決められている。重いものは持ち運びできないし、小さいボタンや文字は読むことも操作することも困難になるからである。

しかし、第１章で説明したように、情報機器は認知的人工物であるので、このような人間工学的な観点だけでは限界があると言わざるをえない。

5. 情報処理系としてのユーザ

認知心理学においては、人間を情報処理系として捉えている。情報が外界から人間の内部に入ってきてから、内部で処理をされ、何らかの反応が生じる、と考える。内部の処理としては、保持時間は短く記憶できる容量も少ないが処理や判断を行う短期記憶あるいは作業記憶と、保持時間は長く（永久という説もある）記憶できる容量も大きい（無限大という説もある）長期記憶というように、情報の保存庫と処理系とを想定している。

情報機器の利用においても、同様の処理が行われると考えられる。たとえば、操作ボタンの数が多すぎると一度に処理できないので分かりにくい、操作ボタンに書かれている文字や記号を知らないと長期記憶から情報検索して判断することができなかったり困難になるので操作が分かりにくい、というように考えることができるわけである。

認知心理学において、人間を情報処理系として捉える考え方とは異なる捉え方として、以下、２つの考え方を紹介する。いずれも、情報機器のユーザを捉える観点として有効である。

6. 生態心理学、アフォーダンスの考え方

アフォーダンスの概念は、もともと、ギブソン（Gibson, J. J.）という生態心理学者によって提唱されたものである。動物は環境の中で行動しているが、動物の行動の可能性について、環境と動物との関係のことを「アフォーダンス」と呼んだ（Gibson, 1979）。たとえば、人間が椅

子を見て座る行動を取るのは、人間と椅子との間に座る行動の可能性についての関係があるということである。

ノーマン（Norman, D. A.）は、この概念をデザイン領域に導入し（Norman, 1988）、後に「知覚されたアフォーダンス」と修正した。この例では、椅子（のデザイン）が人間に座るという行動を誘う、と説明したわけであるが、それは、もともとのアフォーダンスとは異なり、いわば人間によって知覚されたアフォーダンスであったわけである。

以上の考え方を、情報機器とそのユーザの行動を捉える際に、どのように生かすことができるだろうか？　デザインの現場では、ノーマンの考え方を採用するのが便利であろう。

まず、まったく新しい情報機器を利用する場合でも、その情報機器の部分部分は、ユーザの過去経験から操作をまったくすることができない、というわけではないであろう。情報機器の姿形をみれば、それに対して、押したり、回したりという操作をしてしまうであろうし、記号や文字が書いてあれば、それを自然に読むであろうし、知っている概念であれば、その内容を理解もしよう。その理解に基づいて、何らかの操作もしてしまうであろう。

情報機器がコンピュータのようにディスプレイやキーボード・マウスを持っているものであれば、気になるアイコンに対して、マウスでクリックしてみて、そのアイコンで示されたファイルが何かということについて情報を得ようとするであろう。ダブルクリックすれば、そのファイルの中身を見ることができるであろうと予測することもできる。

このように、情報システムの利用にあたっても、環境にある刺激によって人間であるユーザの行動が誘われる、ということが行われているわけである。

最近のテレビゲームは、子どもばかりでなく、大人でも（高齢者でも）人気が高いが、使いやすく、使い込めるテレビゲームを開発する原理はゲームニクス（サイトウ、2007）と呼ばれている。その原理の中には、アフォーダンスの考え方が生かされているものがある。

公共の情報機器は、マニュアルがなくても操作できるようになっていないと皆が困る。一度操作を経験してみれば、たいていの情報機器は使うことができるというのも事実であろう。一方で、たとえば、銀行のATMの前で係員が待機しているのは、銀行の情報機器を含めサービスの受け方が使いにくい、分かりにくいことを銀行自身が把握している、ということと言えよう。このように情報機器やサービスの利用にあたって、組織としての対応が行われているのは、むしろ、次の社会文化的アプローチの考え方に従っていると言える。

7．社会文化的アプローチ、あるいは心理的道具の考え方

社会文化的アプローチは、ロシアの心理学者ヴィゴツキー（Vygotsky, L. S.）に源を持つが、その特徴を茂呂（1994）に従ってまとめておこう。

- システム的全体論：たとえば、ヴィゴツキーの主著である『思考と言語』の主題は、思考と言語との全体論にある。思考と言語とを互いに独立のモジュールと見なすのではなく、互いに切り離すことのできない関係に立つものと見なす。あるいは、心理学における分析として、複雑な心理的全体を要素に分解する方法と、複雑な統一的全体を単位に分析する方法とを区別し、後者の妥当性を主張している。
- 媒介論：システム的全体論の含みは、思考と言語とがある行為システムを作っていることであり、その行為システムは常に媒介されている。図２-１にあるように、３角形の頂点に、私たち主体、対象（他人あるいは世界）、道具（メディアあるいは人工物）が配置される。

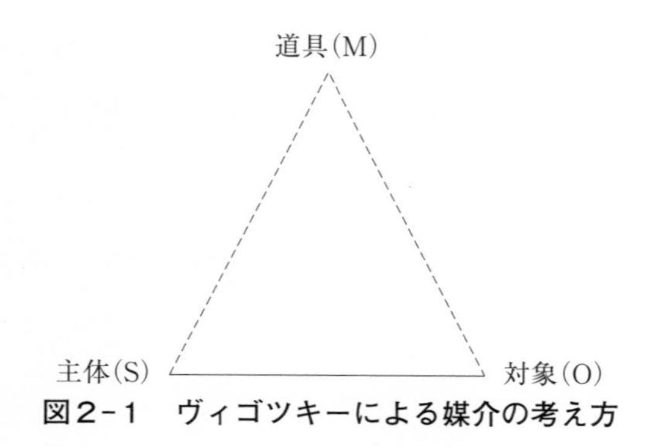

図2-1　ヴィゴツキーによる媒介の考え方

私たちは世界や相手と向き合う際に、何らかの道具を携えてそうしているのである。ヴィゴツキー（1979）は、そのような心理的道具の例として、「言語、計数システム、記憶術、数シンボル、芸術作品、文字、略図・図解・地図、製図、流通した記号などなど」を挙げており、道具や媒介の多様性を強調している。

エンゲストローム（Engestrom，Y.、1999）は、この３角形をさらに拡張して（図２-２）、人間の活動の構造を示した。すなわち、私たち人間はコミュニティの一員として生活しているが、主体と対象との

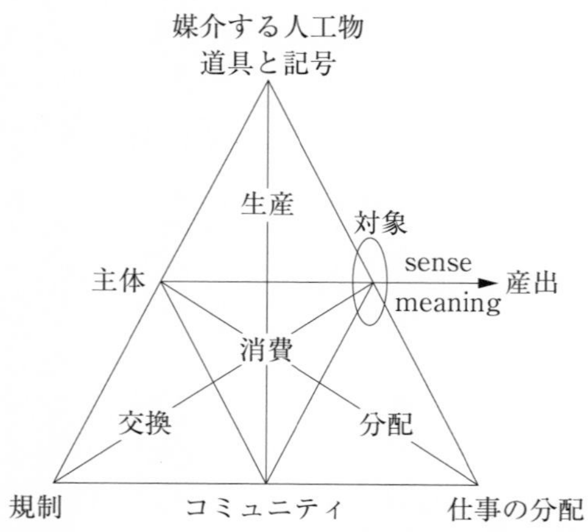

出典：エンゲストローム（1999）p. 79 図２-６　より改変

図２-２　エンゲストロームによる人間活動の構造についての考え方

間に道具が媒介していたように、コミュニティと主体との間には規則が、コミュニティと対象との間には仕事の分配（分業）がそれぞれ媒介する。さらに、人間の活動様式の３様式である、生産・交換・分配と、最も基盤となる消費とが、この構造の中にそれぞれ位置づけられることになる。

- 心の社会的構成：精神（マインド）の成立の基盤に社会的言語の使用過程がある。つまり、精神は社会的な行為あるいは相互作用によって構成される。ヴィゴツキーは概念獲得の研究を通して、これを検証しようとしていた。

社会文化的アプローチは、人間の活動がなされる状況にも注目している。現在の活動研究は第三世代と言われ、複数の活動システムの相互作用を扱うようになってきている（図２-３は、便宜的に２つの活動システムの関連を概念的に示している）。茂呂（2012）によれば、第三世代の活動研究の貢献を３つに整理している。すなわち、１）複数のシステム間の相互作用を追加して、人間の実践を表現可能にした、２）人間の日常生活活動がそもそもコンフリクトや緊張を本性としており、その不安定な内的緊張を活動システムの変化と発達のための動因力と規定した、３）研究と日常活動との対話を重視し、記述よ

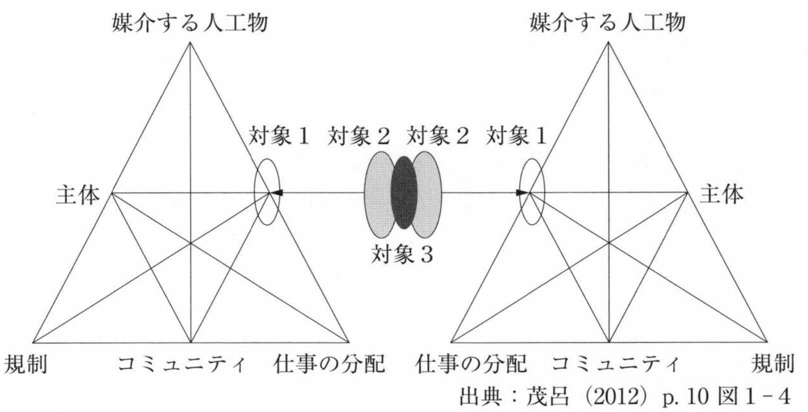

出典：茂呂（2012）p. 10 図１－４

図２-３　第三世代の活動モデル

りも発達的な介入をめざすという研究ポリシーを明示した、の３つである。

さて、以上の考え方は、情報機器とそのユーザの行動を捉える際に、どのように生かすことができるだろうか？

まず、情報機器を利用する際に、ユーザは１人で使っているわけではない。仕事において情報機器が利用される際には、当該の仕事にその情報機器を利用することを、通常はその仕事現場の責任者が決定をして、仕事をする人々が利用することを課せられる、ということになっている。ユーザは、組織の中で、規則や習慣に従って、情報機器を利用しているわけである。

一方で、ユーザは情報機器を単に受け身的に利用しているのではなく、自ら工夫しながら使ってもいる。たとえば、事務仕事でパソコンを利用しているとき、ディスプレイに付箋を貼り付けて、必要な情報をメモ書きしておく、ということをする。これは、パソコンを単純に受け身的に使用しているのではなく、パソコンの利用を促進するために自ら工夫して利用しているわけである。

こうして、情報機器の利用は、ある社会的な集団の中で位置づけられると同時に、ユーザの能動的な道具利用の中に位置づけることができるわけである。

8. 日常生活における情報機器の利用を振り返る

情報機器は、単一のものとして存在しているのではない。通常は、同じような機能を持つ情報機器が複数存在しており、ユーザはそれらを使い分けている。そこで、主に前述の２つの考え方（生態心理学と社会文化的アプローチ）に基づいて、日常生活における情報機器の利用を振り返ってみよう。

仕事や娯楽など日常生活において、人間はたくさんの製品を使っている。製品の多くは、情報機器といってよいものである。そして、単に製品の仕様や標準的な使い方に従った使い方をしているばかりでなく、個人ごとに適応的な仕掛けや工夫を加味して製品を使っている。また、日常生活には、その地域ごとに決まりがあり、その地域の住人にはその決まりがさまざまなメディアを通して伝えられ、住人もさまざまなメディアを通してその決まりを知り、記憶し、利用している。ここでは、日常生活におけるゴミ出し行動を事例にして、情報に基づいた生態学的システムと呼べる状況を紹介する（Takahashi & Kurosu 2004）。

まず、ゴミ出し行動は、日常生活での行動の一つである。ほかにも、交通機関を利用したり、子育てで保育園を利用したり、さまざまな趣味の活動をしたり、というようにさまざまな行動がある。仕事という面でも、さまざまな製品を利用した行動が取られている。

ゴミ出し行動には、住民ばかりでなく、行政や関連企業など複数のエージェントが関与している。行政側は、住民に対して、ゴミ収集のスケジュールや方法について、さまざまなメディアを通して広報している。行政側は、多様な住民のニーズに対応しなければならないために、使うことのできるメディアはすべて使っていると言える。たとえば、事務所窓口での対面、電話、事務所での掲示板、自治会での回覧板、広報広聴誌、ゴミ収集カレンダー、テレビ・ラジオなどローカル放送、ウェブ（Web）サイト、というように、多様なメディアを使っている。そしてたとえば、Web サイトにゴミ収集カレンダーを掲載したり、カレンダーのファイルをダウンロードできるようにしていたり、ということも行っている。

一方で、住民側も多様なメディアを使用している。たとえば、単純に記憶しておく、家族など他人に聞く、ゴミ収集カレンダーを、たとえば冷蔵庫に貼っておく、自分が使っているカレンダーに印を付ける、カレンダー情報を携帯電話のメモ・スケジュール表に入力しておく、など独自のメディアを使用している。さらに興味深い点として、たとえば粗大ゴミを捨てるなど通常とは異なるゴミ出し行動を取る場合には、通常とは違うメディアを使うことが多い。具体的には、市役所の担当窓口に電話をかけて、粗大ゴミの捨て方を教えてもらってから、実際に実行する、というようなことである。

このようなことは行政側にも当てはまる。電話での対応は、住民からの多種多様な問い合わせにできるだけ早く（たらい回しなどないように）行うことが求められるので、たとえばコールセンターを外部の企業に委託する、ということがある。そして、コールセンターにおいても、その現場でのマニュアルを作って、たとえば、粗大ゴミの出し方の問い合わせがあれば、もしも家具の場合には細かく切れば通常のゴミと同じように出せる、といった情報を提供するなどのティップスも整理されている。

こうして、住民や行政といったエージェントのメディア使用と、日常

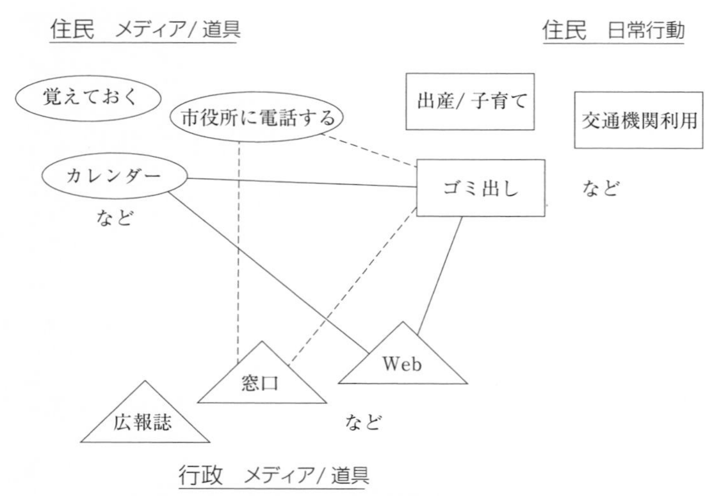

図2-4　メディアと行動のネットワーク

生活での行動とは、図2-4のようなネットワーク的な状況になっていると考えることができる。

このように、単純な日常生活といえども、情報機器の利用を通して、さまざまなエージェントが、さまざまなメディアを通して関与しており、その全体をシステムとして捉えることができるということである。

学習課題

2.1　日常生活でよく利用している情報機器や機器について、その使い方、使いにくい点を振り返ってみよ。そして、どのようにしたら使いやすくなるか改善案を考えてみよ。

2.2　上の課題を考える際に、人間の捉え方として最も参考にした考え方は何であったか、どうしてその考え方を参考にしたのかを考えてみよ。

引用文献

Engestrom, Y. (1999). *Learning by expanding：An activity-theoretical approach to developmental research.* Helsinki：Orienta-Konsultit Oy. エンゲストローム, Y. 山住勝広・百合草禎二・庄井良信・松下佳代・保坂裕子・手取義宏・高橋登（訳）(1999)『拡張による学習—活動理論からのアプローチ』新曜社

Gibson, J. J. (1979). *The ecological approach to visual perception.* Lawrence Erlbaum Association. ギブソン, J. J.　古崎敬（訳）(1985)『生態学的視覚論—ヒトの知覚世界を探る』サイエンス社

茂呂雄二（1994）「言語と思考— Vygotsky 理論の立場から—」『信学技報』, 94-236, 1-8.

茂呂雄二（2012）「活動」，茂呂雄二・有元典文・青山征彦・伊藤崇・香川秀太・岡部大介（編）『状況と活動の心理学　コンセプト・方法・実践』新曜社，Pp. 4-10.
Norman, D. A. (1988). *The psychology of everyday things.* Basic Books. ノーマン，D. A.　野島久雄（訳）（1990）『誰のためのデザイン？　―認知科学者のデザイン原論』新曜社
サイトウアキヒロ（2007）『ゲームニクスとは何か―日本発，世界基準のものづくり法則』幻冬舎
Takahashi, H. and Kurosu, M. (2004). Information ecology of human everyday action., *Proceedings of 8th European Workshop on Ecological Psychology,* Verona, Italy, P. 104.
Vygotsky, L. S. (1979). The instrumental method in psychology. In J. V. Wertsch (Trans. & Ed.), *The concept of activity in Soviet psychology.* M. E. Sharpe. Pp. 134-143.
ヴィゴツキー，L. S.　柴田義松（訳）（2001）『新訳版 思考と言語』新読書社

参考文献

生態心理学の考え方については、引用文献で挙げた、ギブソン（1979）やノーマン（1988）を読む前に、以下が参考になる。

佐々木正人（2008）『アフォーダンス入門―知性はどこに生まれるか』講談社

社会文化的アプローチの考え方については、引用文献で挙げた、エンゲストローム（1987/1999）を読む前に、以下が参考になる。

柴田義松（2006）『ヴィゴツキー入門』子どもの未来社

3 ユーザを知る３：人間の多様性、そして環境の多様性

《目標＆ポイント》 （１）ユーザを知ることが困難であるのは、人間の個人差によることを理解する。（２）人間の個人差は、人間の多様性の広さと深さとして捉えることができることを理解する。（３）環境の多様性という考え方も大切であることを理解する。

《キーワード》 個人差、特性、志向性、状況、環境

---

1. はじめに

第２章で、ユーザを想定することは難しい、なぜなら、人間には個人差があるから、ということを述べた。本章は「人間の多様性」という副題を付けているが、この人間の個人差の問題を、ユーザの情報機器利用や設計との関係にも注目しつつ詳しく検討してみたい。その結果として、環境の多様性という考え方も大切であることを検討してみたい。

2. 人間の多様性

人間の個人差は、人間の多様性として整理することができるだろう。黒須（2016）は、人間の多様性について３つの次元に整理して検討している。すなわち、

(1) 特性

(2) 志向性

(3) 状況や環境
である。そこで、本章でも、この次元にそって検討していこう。

2.1. 特性に関する多様性

特性とは、そのものだけに備わった特別な性質というような意味である。黒須（2016）は、次の２つの特性を区別している。すなわち、

- 生物学的特性：年齢、性別、障害、一般的身体特性、人種
- 心理学的特性：性格、知識、技能

である。それぞれ簡単に紹介しよう。

年齢

年齢とは、人間が生まれてから現在までの時間のことであり、「年」という単位で示される。

ここで「生まれてから」と素朴に書いたが、「受精してから」とした方が生物学的には正確であるという議論も成立するだろう。出生前の胎児に対する、さまざまなメディアの影響、母親の情報機器利用の影響などの問題があるからである。これらの問題は、新生児や乳幼児に対しても同様である。その場合には、「年」という単位は粗すぎるため、「月」や「日」というような時間単位で検討することも必要になってくる。

読者が「ユーザ」として想定するのは何歳くらいの人間であろうか？大学に所属する研究者が人間を対象に研究する場合に典型的であるが、大学生という18から22歳くらいの年齢の人間が対象になることが多い。しかし、そのような研究で得られた知見は、人間一般の特質を示しているということは難しいであろう。たとえば、2010年代後半になり、パソコンを使うことができない大学生が多くなった、なぜなら、スマートフォンなどの携帯端末しか使ってこなかったから、ということが現に

起きている。

現代の日本では「100 歳時代」と言われるように、高齢化が進んでいる。これは、人類の歴史を振り返っても、人間が初めて経験する事態である。一般的には、高齢になるほどに、身体的、心理的な機能が低下すると言われるが、そのような常識では考えられないような高い能力をもった高齢者の存在にも出会うことが多くなっていることも事実であろう。

こうして、年齢とは、生物学的特性の中で最も基本的なものであるが、奥の深い問題を秘めたものでもある。

性別

性別とは男女の区別ということで、年齢と同様に、生物学的特性の中でも基本的なものであるが、読者もすぐに気づくように、性決定における生物学的、医学的な問題や、心理的、文化社会的な問題も関連する、やはり奥の深い問題を秘めたものである。

ここでは、情報通信機器であっても、性別によって異なる仕様のものがあったり、使われ方に違いがあるものがある、ということは否定できないということに留めておきたい。

障害

障害や障害者についてはさまざまな定義があるが、ここでは、黒須（2016）にならって、「障害者基本法」（e-Gov より、2019 年 6 月 21 日参照）の定義を紹介しておく。同法第一章第二条では、まず、障害者とは「身体障害、知的障害、精神障害（発達障害を含む。）その他の心身の機能の障害（以下「障害」と総称する。）がある者であつて、障害及び社会的障壁により継続的に日常生活又は社会生活に相当な制限を受ける状態にあるものをいう」とされている。続いて、社会的障壁とは「障害がある者にとつて日常生活又は社会生活を営む上で障壁となるような社会における事物、制度、慣行、観念その他一切のものをいう」とされている。

障害や障害者を取り巻く問題は、近年注目されており、放送大学においても、関連する科目が複数存在するので、読者の関心に応じて参照してほしい。

吉川雅博「障害を知り共生社会を生きる（'17）」
川間健之介・長沼俊夫「肢体不自由児の教育（'20）」
安藤隆男「特別支援教育基礎論（'20）」
加瀬進・髙橋智「特別支援教育総論（'19）」
太田俊己・佐藤愼二「知的障害教育総論（'20）」

ここでは、黒須（2016）が紹介している色覚異常についてのみ触れておこう。色覚障害は視覚障害に含まれるが、障害者手帳の交付対象となっていないこともあり、見過ごされがちな問題である。情報通信機器の設計、中でも、色を区別して機器の状態を識別させようとする場合に、たとえば、緑色と赤色とでは識別が困難になってしまうということである。

上記の高齢や本項の障害への対応ということで、ユニバーサルデザインという考え方が取り上げられるようになってきた。詳しくは、下記の放送大学の科目を参照されたい。

広瀬洋子・関根千佳「情報社会のユニバーサルデザイン（'19）」

一般的身体特性

身体特性には、身長や体重のように静止した状態における静特性と、腕がどこまで回転できるかといった動きのある状態における動特性という区別があるとされる（黒須、2016）。

しかし、厳密に検討してみると、たとえば、東郷（1998）のように身長・体重を毎月計測することによって発育についての認識が変わったというように、測定の時間分解能の程度問題であるとも言える。また、腕を回転させるというのも、最大の回転角度を測定するという意味では静特性と言える。このように一般的身体特性というのも、単純な特性のようであるが、実は奥の深い問題を秘めているものである。

いずれにしても、身体特性の計測ということは、第２章で触れたように、古典的な人間工学における主要なテーマであり、その知見は、現在の情報通信機器の設計にも十分に役立つものである。

人種

黒須（2016）によると、人種とは遺伝学・生物学的な分類、民族とは文化的・歴史的な分類である。しかし、黒須（2016）も触れており、また、読者もすぐに気づくように、人種と民族とはしばしば混同される概念であり、それゆえに、紛争や差別などの問題の原因となるものでもある。

生物学的特性としては、人種のみを取り上げるのが妥当であろうが、人種の違いによって、他の特性にも違いがある、という研究もあるので、ますます厄介でもある。

そこで、ここでは、やはり黒須（2016）にならい、情報機器やシステムの設計におけるローカリゼーション（言語や文化に対する配慮）の必要性を指摘するに留めたい。

性格

ここから心理学的特性について検討していく。まず、性格であるが、黒須（2016）も述べているように、日本語にはいささかの混乱が生じている。つまり、もともとは英語の character の訳語であったが、英語圏では価値的な意味を持つということから personality という用語が多く使われるようになったが、その訳語である人格は、日本語としては人格者というように価値的な意味が含まれてしまっている、ということである。

心理学における性格に関する理論としては、類型論、特性論、力動論があるが、最近では、「人－状況論争」（たとえば、渡邉（2013））も経て、相互作用論が主流であると言えよう。

放送大学においても、関連する科目が存在するので、読者の関心に応じて参照してほしい。
大山泰宏「人格心理学（'15）」

知識

知識は人間が記憶しているものであり、表象あるいは表現という用語で示されるものである。記憶の中でも長期記憶として保存されているものであり、人間がその経験を通して獲得あるいは習得されたものである。

認知心理学では、知識を、宣言的知識と手続き的知識とに区別している。宣言的知識とは、文あるいは命題として表現される知識である。一方で、手続き的知識とは作業や課題を行うやり方や方法に関する知識である。

黒須（2016）が述べているように、情報通信機器やシステムを開発する際には、その前提条件としてあるいは暗黙の条件として、どのような知識が必要とされているかを適切に想定しておくことが大切である。

技能

技能も、人間がその経験を通して獲得あるいは習得された能力であり、主には道具を使いこなす身体的な能力あるいはスキルのことである。情報分野においては、たとえば、経済産業省が策定した、IT スキル標準と呼ばれる、情報系の人材に求められるスキルやキャリアがある。

やはり、黒須（2016）が述べているように、知識と技能とは相互に関連しあいながら、人間の日常生活のありようを構成している。そこで、情報通信機器やシステムを開発する際には、必要となる技能水準を適切に想定しておくことが大切である。

2.2. 志向性に関する多様性

志向性とは哲学の中でも現象学の用語であり、意識が常にあるものについての意識であることをいう。黒須（2016）は、志向性に関する多様性として、文化、宗教、嗜好、社会的態度、価値態度を挙げているが、ここでも簡単に紹介していこう。

文化

黒須（2016）は、文化を、ある集団に特徴的な社会構造や行動様式、事物の様式として捉え、多次元的なものと見ている（図３－１）。そして、その中心にあるのは個人であるが、それをとりまくさまざまな集団に関して、それぞれの文化があると捉えている。

個人はある家族に属している。家族には家風と言われるが、それぞれの家族に特有の文化がある。同じように、家族はある地域に属しており、それぞれの地域に特有の文化を想定することができる。地域は国に属しており、やはりそれぞれの国に特有の文化を想定することができ

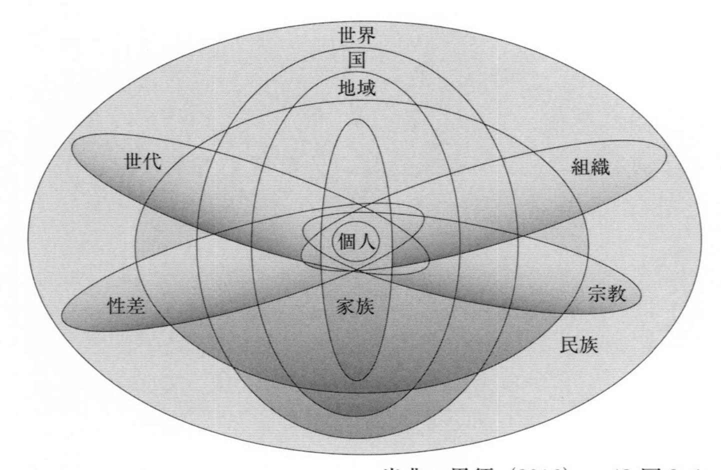

出典：黒須（2016）p. 48 図 3-4

図３－１　文化の多元性

る。黒須（2016）が指摘しているように、国というのは行政の単位であるために、交通や交易の境界を形作っており、その領域の内外に違いが生じることによって、国に特有の文化が生じてしまうということも言えよう。

現代のグローバルな社会になってますます顕著になってきたと言えるが、民族に特有な文化を想定することも必要になっている。国レベルの文化と民族による文化との交差ということである。

すでに特性に関する多様性において触れたが、年齢や性別によっても、文化の違いを想定することができる。デジタルネイティブやカワイイという概念が、その例と言えよう。さらに、それぞれの個人は、学校や会社などの組織に属しており、それぞれの組織に特有の文化を想定することができる。なお、宗教については、次項で述べる。

こうして、多次元からなる文化によって、人間の日常生活という世界が成り立っているということである。情報通信機器やサービスを開発する際にも、どのように文化軸を想定して適用するかを検討していくことが大切である。

なお、ここでは、黒須（2016）に従って「文化」の様相を述べてきたが、読者も気づいたように、むしろ、「習慣」や「習俗」という側面も多々含まれていることは指摘しておきたい。

宗教

現代の日本では宗教は個人の行動に強い影響を持っているとは言えないと思われるので、この項を立てることに違和感を覚える読者も多いであろう。あるいは、日本での宗教とは、日常生活での習慣や習俗とあまりにも密接に関連してしまっており、宗教について特段の意識をせずとも日常生活を送ることができるのだと言えるのかもしれない。

しかし、世界の文化圏によっては、宗教は強い影響を持って個人の生活を制約していることも事実である。黒須（2016）が挙げている例であるが、イスラム教徒を対象にしてメッカの方向を示してくれる腕時計というのは興味深いであろう。

嗜好

嗜好とは個人の好み、たしなみのことであり、黒須（2016）が指摘しているように、個人差が極めて大きく、その原因を探ることも困難ではあるが、情報通信機器やシステムの開発にあたり、ユーザの嗜好パターンを実態調査することも大切であろう。

態度

態度とは、一般的には、社会的事象に対する思想や信念、あるいは感情や反応傾向のことを言い、実際の行動に移る前の心的構えあるいは行動の準備状態と言われる。黒須（2016）では、新規性への態度と価値態度とが扱われているので、簡単に触れておこう。

新規性への態度：情報の分野においては、他の分野に比較して、新しいコンセプトを持った情報機器やサービスの開発が多いと言える。そこで、そのような新しい製品を積極的に利用しようとするか否かには、新規性への態度が関連していると言えよう。

価値態度：黒須（2016）は、シュプランガーの６類型（シュプランガー、1961）を紹介する中で、「経済的態度や審美的態度などが人々の人工物への対応の仕方に関係していると考えられる」としている。先に宗教の影響について触れたが、宗教的態度も人工物への対応の仕方に関連していると言えよう。さらに、シュプランガーの６類型の他の態度（理論的態度、社会的態度、政治的態度）についても、それぞれ人工物の対応の仕方に何らかの影響を与えていることは否定できないであろう。

2.3. 状況や環境に関する多様性

黒須（2016）は、状況や環境に関する多様性として、精神状態、経済状態、環境を挙げているので、簡単に説明しておこう。

精神状態

精神状態とは、精神のありよう、ありさまのことをいうが、意識や感情が揺れ動く様子のことでもある。黒須（2016）は、精神状態の中でも、覚醒水準が特に重要であるとしている。つまり、睡眠状態、まどろんだ状態、通常の意識水準、過剰な興奮状態、というような意識の覚醒水準が変動する中で、人間が生活しているということである。そこで、黒須（2016）が情報通信機器やシステムの開発に関して挙げている例であるが、まどろんだ状態でも目覚まし時計を操作できるように設計するとか、事故が発生して興奮した状態でも救命胴衣を操作することができるように設計する、ということがある。

経済状態

経済状態とは、個人の金銭に関わる物事の状況のことである。情報通信機器やサービスの製品についても、開発に関わるコストばかりか、製品の購入や利用・維持にかかるコストも関わってくる。ユーザに浪費家や倹約家や蓄財家がいるように、開発者側にもボランティアから大企業や政府機関などコスト基準はさまざまであろう。

環境

黒須（2016）は、環境的要因として、地理的環境と物理的環境とを挙げている。地理的環境としては、寒冷地／温暖地、密集地／過疎地、買い物や移動に便利な場所か不便な場所かなどを、物理的環境としては、室内の一人あたりの面積、普段の平均的室温や湿度、照明の明るさや室内の吸音性などの要因を挙げている。これらの要因は、情報通信機器やシステムを設計する際の許容限界の設定に関係するとしている。

3. ユニバーサルデザイン

先に障害について説明した際に挙げたが、ここで簡単に、ユニバーサルデザインという考え方を紹介しておきたい。

基本的な考え方はMace, R.によるが、あらためて原資料（Connell, Jones, Mace, Mueller, Mullick, Ostroff, Sanford, Steinfeld, Story, and Vanderheiden（1979））にあたってみると、複数の建築家やデザイ

ナーのチームによる共同作業の成果であることが分かり、また、著者名はアルファベット順に並べたとあることに関心したりもする。

まず、ユニバーサルデザインは、次のように定義されている。原文も合わせて示しておきたい。

The design of products and environments to be usable by all people, to the greatest extent possible, without the need for adaptation or specialized design.

「適応や特別のデザインを必要とせずに、可能な限り最大限に、全ての人々によって利用することができるように、製品や環境をデザインすること（高橋試訳）」

そして、ユニバーサルデザインの７つの原則と、それぞれのガイドラインが挙がっているが、ここでは、７つの原則のみを、原文も合わせて示しておきたい。

PRINCIPLE ONE：Equitable Use

The design is useful and marketable to people with diverse abilities.

PRINCIPLE TWO：Flexibility in Use

The design accommodates a wide range of individual preferences and abilities.

PRINCIPLE THREE：Simple and Intuitive Use

Use of the design is easy to understand, regardless of the user's experience, knowledge, language skills, or current concentration level.

PRINCIPLE FOUR：Perceptible Information

The design communicates necessary information effectively to the user, regardless of ambient conditions or the user's sensory abilities.

PRINCIPLE FIVE：Tolerance for Error

The design minimizes hazards and the adverse consequences of accidental or unintended actions.

PRINCIPLE SIX：Low Physical Effort

The design can be used efficiently and comfortably and with a minimum of fatigue.

PRINCIPLE SEVEN：Size and Space for Approach and Use

Appropriate size and space is provided for approach, reach, manipulation, and use regardless of user's body size, posture、or mobility.

原則１：公平に使えること：デザインは、多様な能力を持つ人々にとって、使いやすく買い求めることができるものであること。

原則２：柔軟に使えること：デザインは、個人の好みや能力が広い範囲にわたって多様であることに適応していること。

原則３：単純で直感的に使えること：デザインされたものを使うことは、ユーザの経験、知識、言語能力やその時の集中の水準に関わりなく、理解することが容易であること。

原則４：情報が知覚できること：デザインは、周囲の状況やユーザの感覚能力に関わりなく、ユーザに対して必要な情報を効果的に伝えること。

原則５：エラーに対して許容できること：デザインは、偶然の行為あるいは意図しない行為の、危険な結果や不利な結果を最小にすること。

原則６：身体的な努力を少なくすること：デザインは、効率的に、快適に、疲労を最小に抑えて、利用されるものであること。

原則７：近づき使用するための大きさと広さ：ユーザーの身体の大きさ、姿勢、または可動性に関わりなく、近づき、手を伸ばし、操作をして、利用するために、適切な大きさと広さとが与えられていること。
（高橋試訳）

4．個人内差について、あるいは環境の多様性について

第２章で、人間の個人差について説明した際に、一般に言われる個人差とは、個人間差という側面であると説明した。そこで、ここで、もう一つの個人差の側面である、個人内差について補足しておこう。

まず、本章のこれまでの説明も、やはり個人間差の側面であることは言を俟たないであろう。あえて付け加えるとすると、人間を、閉じられた個体として捉えるということが前提になっているということである。しかし、先に、性格の相互作用論として挙げた考え方が一例でもあるが、人間を、人間を取り巻くさまざまな環境（他人や社会も含む環境）との関係の中で捉えるということも可能である。そもそも人間は生物であり、生命活動としての代謝を行っている。代謝とは、外界から栄養やエネルギーを体内に取り込み、不要物を体外に排出することである。そうすると、人間を閉じられた個体としてよりも、外界と関わり合いながら常に変化し続けていく関係として存在している、と捉える方が妥当であると言えるだろうということである。

第２章では、個人内差の説明として、同じ個人でも時間や場所や状況によって変化するとして、よく知っている環境の方が能力を発揮しやすいという例を挙げた。これをより正確に述べるとすると、人間にとって、あらかじめよく知っている環境があるわけではなく、ある環境に関わって、その環境から情報を抽出できた（関係を取り結ぶことができ

た）ことを「よく知っている」と表現することができる、ということであろう。以上のことを、佐々木（1998）は、視覚障害者のナビゲーションを例にして説明しているので、ここでも簡単に触れておこう。

ナビゲーション、すなわち、目的地に向かって現在地から移動していくことであるが、視覚障害者向けに限らず、さまざまな支援用の（情報通信）機器やツールが開発されている。佐々木（1998）は視覚障害者のナビゲーションの様子を観察して、たとえば、ごく僅かの空気の流れの違いや、足底の感覚の違いが手掛かりとなって、「道の切れ目」を認識して目的地の方向を判断することができる例を挙げて、人間は「環境の多様性」を取り込んで、あるいは環境の多様性の中で生活していることを述べている。そして、ユニバーサルデザインとは「人間の多様性」への対応と見なされているが、さらに、「環境の多様性」をデザインに生かすことの必要性も主張している。

前節でユニバーサルデザインについてその原典を簡単に紹介したが、そのガイドラインまで詳細に振り返ってみると、「人間の多様性」ばかりでなく「環境の多様性」についても配慮がなされていることが分かるだろう。

学習課題

3.1　障害者や高齢者に対する法制度について、諸外国と日本とについて比較してみよ。

3.2　情報通信機器の利用しやすさに関して、人間の多様性の事例と見なすことができることを挙げてみよ。

引用文献

Connell, B. R., Jones, M., Mace, R., Mueller, J., Mullick, A.,Ostroff, E., Sanford, J., Steinfeld, E., Story, M., and Vanderheiden, G. 1979 The principles of universaldesign.
https://projects.ncsu.edu/design/cud/about_ud/udprinciplestext.htm （参照日 2019.2.26）

黒須正明（2016）「ユーザを知る３：人間の多様性」，黒須正明・高橋秀明（編）『ユーザ調査法』放送大学教育振興会，Pp.36-55.

佐々木正人（1998）「多様性からの設計」，古瀬敏（編）『ユニバーサルデザインとはなにか　バリアフリーを超えて』都市文化社，Pp.137-164.

シュプランガー, E. 伊勢田耀子（訳）（1961）『文化と性格の諸類型１・２』明治図書出版

東郷正美（1998）『身体計測による発育学』東京大学出版会

渡邉芳之（2013）「パーソナリティ概念と人か状況か論争」，二宮克美・浮谷秀一・堀毛一也・安藤寿康・藤田主一・小塩真司・渡邉芳之（編）『パーソナリティ心理学ハンドブック』福村出版，Pp.36-42.

4 ユーザを知る４：科学的方法の基礎としての観察

《目標＆ポイント》 （１）ユーザ調査は科学としての営みである、すなわち研究であることを理解する。（２）科学的方法とは観察を基礎としていることを理解する。（３）ユーザ調査における観察法の特徴や位置づけを理解する。（４）情報学における研究方法論として、ユーザ調査法の特徴や位置づけを理解する。（５）観察における信頼性と妥当性、観察によって得られた測定値の水準について理解する。
《キーワード》 科学、研究、情報学、観察、妥当性と信頼性、測定値の水準

1．科学としてのユーザ調査法

第３章までは、漠然とユーザ調査法について説明してきたが、あらためて、科学としてのユーザ調査法について、もう少し厳密に説明をしていきたい。ユーザ調査は、製品開発の実務の中で行うことも多々あるが、信頼性・妥当性のあるユーザ調査を行うためには、科学の営みとしてユーザ調査を行う必要がある、という意味もある。

ユーザ調査の目的は、科学の目的と同じである。すなわち、研究対象について、記述、予測、制御することである。記述とは、研究対象の在り様を述べ立てることである。通常は、理論構築を目指すことになる。予測とは、記述の後に、理論構築をして、研究対象の在り様について要因を明らかにすることである。つまり、在り様という結果の原因は何であるか因果関係を仮説として提示して、その仮説が正しいか否かをテス

トする、つまり、仮説検証という手続きを通常は踏むことになる。なお、因果関係を提示できない場合でも、相関関係として仮説を提示することも多い。制御とは、予測するだけでなくさらに、研究対象を、望ましい在り様に変容させることである。ユーザ調査においても、記述、予測、制御という目的で研究を行う。

すでに、ここまでで説明したが、科学の目的として、仮説検証と仮説生成とを区別することもなされている。すなわち、まずは研究対象を記述して、その在り様にどのような要因が関与しているか？　仮説生成を行うことが目的とされる。その際には、何らかの理論を構築して、仮説を生成することになる。続いて、研究対象の予測や制御は、何らかの理論に基づいて生成された仮説が正しいか否か？　仮説を検証することになる。ユーザ調査も、仮説生成でも仮説検証でも目的として行われる。ユーザ調査に限らないが、以上の、仮説生成と仮説検証とは、循環しながら繰り返す、というのが理想的な科学の進め方と言えるだろう。

本科目では、これ以降、ユーザ調査の目的については、特に区別すること無く、それぞれの章での説明をしていくことにしたい。その際に、それぞれの章の内容に応じて、ユーザ調査の目的による違いを説明することになるだろう。

2. ユーザ調査に関わるさまざまな人

ユーザ調査には、さまざまな人が関わっているので、概念を明確にする意味でも、ここで整理をしておきたい。本科目では、これ以降、この名称を使って説明を続けたい。

- 研究者　ユーザ調査を科学として研究する当事者のこと。
- ユーザ調査参加者　ユーザ調査において、研究の対象となる人のこと。研究者によって研究される対象者のこと。個人の場合に限らず、複数人の場合、グループの場合、集団や組織の場合もありうる。
- 実験者や調査者　ユーザ調査の実務を担当する人。実験の場合には実験者となる。調査の場合には調査者となる。卒業研究や大学院の研究であれば、研究者と同一の人であることが普通である。
- ユーザ調査協力者　ユーザ調査において、研究者からの依頼を受けて、調査に協力する人。研究者とユーザ調査参加者との間をとりもったり、実験にサクラとして参加協力したり、質問紙の配布を手伝ったり、いろいろな形がありうる。
- データ分析者　ユーザ調査の結果得られたデータを分析する当事者のこと。卒業研究や大学院の研究であれば、研究者と同一の人であることが普通である。
- データ分析協力者　データ分析の過程で、特にコーディングの作業は複数人で行ってデータ分析の信頼性を確認する必要があるが、その協力者のこと。

なお、ユーザ調査の具体的な場面を想定していない場合には、今まで通り「ユーザ」という名称を使う。

3. 科学的方法の基礎としての観察：さまざまな分類

観察とは、あらゆる科学の方法の基礎である。観察に何らかの条件や制約が加わった方法が、実験や質問紙調査やインタビューと言われる方法であると言える。そこで、そのような条件や制約によって、どのような観察があるのか？　観察という方法がどのように分類されるのか？ということから検討してみよう。

自然的観察と実験的観察：拘束の有無

まずは、研究対象に対して拘束をかけるか否かによって、自然的観察と実験的観察とに分類することができる。自然的観察とは研究対象に何も拘束をかけずに、現象が起こるままに観察することである。それに対して、実験的観察とは研究対象に何らかの拘束をかけてその拘束という干渉のもとで現象を観察することである。通常は、そのような拘束は実験条件と呼ばれ、研究者が人為的に設定するものである。

ユーザ調査においては、通常は、研究対象となる情報通信機器やサービスをユーザに利用してもらうことになるので、その時点で実験的観察という方法を取ることになる。日常生活において、そもそもどのような機器やサービスを利用しているかということを明らかにしたいという研究目的であれば、自然的観察という方法をとることも可能である。

客観的観察と主観的観察

すでに「内観」という用語で説明してきたが、ここであらためて整理しておきたい。すなわち、第三者として他者を観察する客観的観察と、自分が自分を観察する主観的観察という分類である。主観的観察には、内観以外にも、内省、自己観察という用語も使われることが多い。

ユーザ調査においては、客観的観察とは、研究者や実験者・調査者がユーザ調査参加者を観察することとなり、主観的観察とはユーザ調査参加者が自分自身を観察することとなる。

ここまでで、観察を分類する軸として、(1) 自然的観察と実験的観察、(2) 客観的観察と主観的観察、という2つの軸を述べたが、これらの軸は独立であるので、組み合わせを考えることもできる。つまり、

- 自然的観察かつ客観的観察

- 自然的観察かつ主観的観察
- 実験的観察かつ客観的観察
- 実験的観察かつ主観的観察

の４つである。それぞれ、ユーザ調査における実例に即して検討してみよう。

- 自然的観察かつ客観的観察

ユーザは、日常生活において、そもそもどのような情報通信機器やサービスを利用しているかということを明らかにしたいのであれば、研究者は第三者として、ユーザ調査参加者の日常生活をあるがままに観察する、という方法を取ることになる。

- 自然的観察かつ主観的観察

ユーザは、その日常生活において、さまざまな情報通信機器やサービスを利用しているが、その際に、ユーザ自らが内観をして、その利用状況について観察することを想定することは可能である。しかし、そのような観察の結果が、研究という形に結実することまでを想定することは困難であろう。

- 実験的観察かつ客観的観察

ユーザ調査においては、通常は、研究対象となる情報通信機器やサービスをユーザ調査参加者に利用してもらうことになるので、その時点で実験的観察という方法をとることになる。研究者は、さらに、研究目的に応じて、利用状況に制約を加えていく（実験条件を設定する）ことも可能であり、そのような状況下で、第三者として、ユーザ調査参加者の利用状況を観察することになる。これが、いわゆる「実験」の典型例である。

- 実験的観察かつ主観的観察

前述の実験状況において、研究者がユーザ調査参加者に内観を求めることも可能である。ユーザ調査参加者は、その主観的観察を行った結果を、通常は、言語によって表出することになるが、その表出された内容を研究者が観察する、ということになる。

主観的観察：時間と体験と

やや細かい議論になるが、主観的観察は、さらに3つに分類することも可能である。ここでは、増田（1933・1934）の用語を使って紹介しよう。

（1）同時的内観

観察対象となる現象が起こっているのと同時に、それを観察する、つまり内観することをいう。ユーザ調査であれば、情報通信機器を利用している最中に、ユーザ調査参加者に内観を求めることになる。

（2）追想的内観

観察対象となる現象を振り返って内観することをいう。たとえば、研究対象とする情報通信機器やサービスを利用した経験があるユーザ調査参加者に対して、その利用状況を振り返って、ユーザ調査参加者自身について主観的に観察することを求めるという方法である。

（3）追験的内観

観察対象となる現象を単に振り返るだけではなく、その過ぎ去った心的状態や活動を再び体験して内観することをいう。このような内観をユーザ調査参加者に求めることは困難あるいは不可能であるかもしれないが、たとえば、ユーザ調査参加者の利用状況を録画した映像をプレイバックしながら、そのユーザ調査参加者に内観を求めることは（ユーザ調査参加者にも研究者にも手間はかかるが）可能であろう。

縦断的観察と横断的観察

前述の主観的観察の分類では、時間軸が分類軸の一つであった。そのことに関連して、縦断的観察と横断的観察という分類について触れておく。代表的な研究領域としては発達心理学となるが、加齢に伴う心理的な変化を研究するために、縦断的観察と横断的観察という異なった方法をとることができる。縦断的観察とは対象となる個人を、たとえば幼少期から青年期、高齢期と追跡していく方法となる。一方で、同じ時期に、幼少期、青年期、高齢期の別々の個人を対象にして観察する場合には、横断的観察ということになる。

ユーザ調査においても、発達心理学同様に、加齢に伴う使いやすさの変化を研究するとか、ある情報通信機器の使いやすさを研究する場合に、その調査対象の時間のみで研究するばかりか、日常生活で長期的に利用する際の使いやすさの変化を研究することも大切であるので、縦断的観察と横断的観察との分類も大切な観点であろう。

縦断的観察に関連して、特別な名称で呼ばれる観察の方法もあるので、簡単に紹介しておこう。

- パネル調査：パネルとは同じ調査対象者のことを言い、そのパネルに対して一定期間繰り返し質問紙調査を行うという方法をとることができる。
- コホート調査：コホートとはある共通した因子を持つ集団のことを言い、その因子を持つ集団と持っていない集団とに対して、一定期間追跡調査を行うという方法をとることができる。

パネル調査もコホート調査も、時間経過に伴う回答の変化を分析したり、因果関係を予測したりすることが可能となる。

組織的観察と非組織的観察、参与観察

ユーザ調査は、ユーザ調査参加者個人を対象とする場合だけでなく、ユーザ調査参加者の集団や組織・社会を対象として行うことも可能である。そこで、組織的観察と非組織的観察という分類を想定することもよくなされている。この分類は、観察にあたり、観察の仕方や条件を決めて組織的に行うか、比較的自由に行うか、ということである。

- 組織的観察：観察の仕方や条件を決めるという意味では、前述の、実験的観察はそのまま組織的観察でもある、ということになる。観察の分類という文脈でよく紹介されるのは、事象抽出法と時間抽出法である。

  自然的観察を行う場合、ユーザ調査参加者の日常生活を「全て」観察することが理想的な観察である。しかし、そのような観察を行うことはほとんど不可能である。そこで、自然的観察であっても、観察の仕方や条件を決める、具体的には何を観察するかを決める事象抽出法と、いつ観察するかを決める時間抽出法とをとることになる。たとえば、ユーザ調査参加者が仕事をするという事象における情報通信機器やサービスの利用状況を観察するとか、同じ仕事をするという事象であっても、たとえば、仕事の開始から10分間だけを観察の対象にするというように時間を抽出するという方法である。

  実験的観察では、このような事象も時間もあらかじめ決めてしまって、実験状況を人為的に設定することになることは、読者も容易に想像することはできるだろう。

- 非組織的観察：比較的自由な形で行うわけだが、参与観察と非参与観察という分類を想定することもよくなされている。まず、参与観察とは、研究対象が組織や集団である場合に、研究者が自らそのグループの一員となりながら観察することをいう。たとえば、ある企業にお

ける情報通信機器の利用状況について研究する場合に、研究者がその企業という組織の一員となって、その機器の利用状況を観察するということである。

非参与観察とは、そのグループの一員とはならずに、あくまでも、部外者あるいは第三者として、研究対象である組織や集団を観察することをいう。具体的には、見聞や視察や事情聴取といった方法をとることになる。ユーザ調査においても、たとえば、評判の高い情報通信機器やサービスを開発した企業を訪問して、視察や聞き取りを行うことは可能である。

観察手段による分類

本節は、「科学的方法の基礎としての観察」と題して、さまざまな分類の軸や基準について検討してきたが、さらに、有力な分類の軸があるので、紹介しておきたい。つまり、観察手段による分類であり、その結果、我々人間の世界は、吉田（2014）の用語を借りれば、「感覚の世界」「道具の世界」「計測器の世界」へと広がったと言うこともできる。

- 感覚の世界

我々人間は感覚を持っており、その感覚を使って観察することができる。五感と言われるが、視覚・聴覚・触覚・嗅覚・味覚によって、観察手段を分類することができるわけである。

- 道具の世界

道具によって、我々の感覚の世界は拡張したと言うことである。たとえば、視覚を例にとれば、拡大鏡といった道具によって、視覚だけでは見ることのできない微細な世界を観察することができるようになったわけである。また、感覚とは区別するべきであると思われるので、ここで道具として説明するが、人間にとっては、言語を用いて観察することも多々行われている（第２章で述べた、心理的道具としての言語ということである)。

- 計測器の世界

単純な道具では及ばない極端な対象に対して観察することができる。そして、数値で表すことのできる特徴を明確に示してくれるのが、計測器の利点である。ユーザ調査においても、ユーザ調査参加者の行動の時間を測定するために、ストップウォッチという計測器を利用することも多々あるし、あるいは、研究者にとっても計測器という意識は低いかもしれないが、たとえば、ユーザ調査参加者の利用状況をビデオカメラで録画するということだけでも、ユーザ調査参加者の行動の時間を事後に数値で表すことが可能となるわけである。

- 思弁の世界

吉田（2014）は、さらに、計測器の世界の外側に、いわば「思弁の世界」が広がっていると述べていることも付け加えておこう。測定したくても測定できない、観察できない対象も存在しているが、その際には、「論理に根ざした人間の想像力が必須」という。いわば「思考実験」である。情報学の分野では、数理モデルによるシミュレーションという方法が該当する。放送大学の科目としては、以下がある。

大西仁「問題解決の数理（'17)」

以上、観察を分類するための軸は複数あり、多くの場合独立した軸であるので、それらを組み合わせて、さまざまな分類の観察を想定することが可能となる。あるいは、読者が想定しているユーザ調査における観察の特徴を明らかにする意味でも、これらの分類の軸に従って、再検討してみてほしい。

4. 観察における問題：信頼性と妥当性

本章の副題は「科学的方法の基礎としての観察」としている。そして、本章の最初で、「科学としてのユーザ調査法」つまり、「科学の営みとしてユーザ調査を行う必要がある」と述べてきた。その意味は、研究方法として妥当性と信頼性とが必要であるということである。ここで念のための注意点を述べておくと、研究方法としての妥当性と信頼性ということは、本章で扱ってきた観察という方法に限定することではなく、他の章で扱われるさまざまな方法においても当てはまるということである。

妥当性

まず、妥当性とは、観察目的と観察方法との整合性のことをいう。つまり、観察したい目的のものをどれくらい本当に観察しているのか？ということである。

妥当性には、内容的妥当性、基準関連妥当性、構成概念妥当性などの側面があると言われる。内容的妥当性とは、文字通り、観察される内容が本当に研究者が観察したい内容であるかということである。この妥当性が担保されているか否かは、その内容の専門家に判断を仰ぐのが最も適切な確認手段と言えよう。基準関連妥当性とは、すでに妥当であるとされている外部の（自分の研究とは別の）基準との関連によって確認することのできるものである。構成概念妥当性とは、理論的に予測される変数間の関係性から捉えられるものである。

このように妥当性とは、専門家の判断によると書いたように、最終的な判断はできないものである。科学は進歩していくので、その都度その都度、妥当性あり、良しとされたもの、というくらいに捉えておくことしかできないのであろう。

信頼性

まず、信頼性とは、観察方法の客観性のことをいう。つまり、観察したい目的のものをどれくらい正確に観察しているのか？　ということである。

妥当性については先に最終的な判断はできないものと書いたが、それに対して、信頼性については、その程度を数量で示すことが可能な基準と言える。すなわち、同じ観察を繰り返し行って安定した観察結果が得られるとか、独立した別の観察者が同じ対象を観察して同じ観察結果が得られるとか、一つの観察において一貫した観察結果が得られる、というように、相関係数や一致率という数量で示すことが可能である。

5. 観察におけるバイアス

続いて、観察におけるさまざまなバイアスという問題についても簡単に触れておこう。「科学としてのユーザ調査法」としても、留意しておく必要のあることである。

まず、バーバー（1980）による10のピットフォールを紹介しておこう（表4－1）。研究者のもたらす効果と実験者のもたらす効果とに分け

表4－1　研究者効果と実験者効果

研究者のもたらす効果
研究者のパラダイム効果
研究者の実験計画効果
研究者のルーズな実験手続き効果
研究者のデータ分析効果
研究者のデータ操作（改竄）効果
実験者のもたらす効果
実験者の個人的属性効果
実験者の手続き遵守不履行効果
実験者の記録ミス効果
実験者のデータ操作（改竄）効果
実験者の無意図的期待効果

出典：バーバー（1980）p.3　表1を改変

て検討されているところは参考になるであろう。つまり、研究者と実験者とは、その役割や機能が異なる、ということであり、本章の第２節で説明した通りであるが、卒業研究や大学院研究をしている読者であれば、研究者と実験者とは同一人物である読者自身であるということが多いであろうが、そうであればなおさら、この効果が高まるということも認識しておくべきであろう。

まず、研究者のパラダイム効果であるが、研究者の信じている世界観や研究枠組み自体が効果を持つということである。前記の内容的妥当性の問題そのものと言えるだろう。本科目では、第２章で説明した、人間の捉え方の違いが相当していると言える。次の実験計画効果とは、どのような実験計画を立てるか自体が効果を持つということである。その実験計画の中でも、実験手続きがルーズ、つまりいい加減であると、それ自体が効果を持ってしまう。また、得られたデータをどのように分析するか、データ分析自体が効果を持つと言われている。実験手続きもデータ分析も実験計画において決めることであり、実験計画は研究者のパラダイムによって影響されると考えられるので、ここまでの効果は、前記の妥当性の問題と言えるだろう。最後のデータ操作（改竄）効果については説明は不要であろう。

実験者の効果の内、手続き遵守不履行効果、記録ミス効果、データ操作（改竄）効果については、研究者側の実験計画効果、実験手続き効果、データ分析効果、データ操作（改竄）効果とも関連が深いことは理解できるであろう。実験者の個人的属性効果とは、文字通り、実験者の、性別や年齢など個人的属性が効果を持つということである。実験者の無意図的期待効果とは、実験の目的や仮説を実験者が知っていると、意図していないけれども、実験条件毎に、実験参加者に対して異なる言葉がけや仕草をしてしまい、実験結果に影響するということである。

研究者のデータ操作（改竄）効果と実験者の５つの効果については、前記、観察の信頼性の問題と言えるだろう。なお、研究者・実験者のデータ操作（改竄）効果については、研究倫理上の問題でもあることは指摘しておいて良いだろう。

バーバーのピットフォールでは、研究者の実験計画効果、ルーズな実験手続き効果、データ分析効果や、実験者の手続き遵守不履行効果、記録ミス効果に含まれることであるが、観察において、どのようなバイアスがあるのと言われているか、以下で列挙しておこう。

- 簡略化：長い観察の場合、中間が省略されやすい。
- 光背効果（ハロー効果）：観察対象であるユーザについての一般的・全体的印象に偏ってしまう。
- 中心化傾向：観察項目を十分に理解していないと、平均的な評定になってしまう。
- 対比効果：観察者の特徴と反対の方向に評定してしまう。
- 寛大効果：熟知しているあるいは接触が多いユーザには有利な評定をしてしまう。
- 論理的誤り：観察者の個人的な経験に基づいて、論理的関連があると思っている項目間では類似した評価をしてしまう。
- 同化：典型的、規則的な方向へ偏って評価してしまう。
- 観察基準の誤り：観察者の性格や価値観によって、観察基準に差異が生じてしまう。
- 判断解釈の誤り：観察した事実に、観察者の推論を混入してしまう。

いずれも、ユーザ調査においても、起こりうる観察のバイアスであると言えよう。このようなさまざまな観察におけるバイアスを避けるために、たとえば、研究計画を厳密に検討しておく、観察記録を機械的に行う、観察者の訓練を行う、ということを行う必要があることは容易に理解できるであろう。

6. 観察における記録方法とデータ分析の方法、その前提としての測定値の水準について

観察の結果は、測定値と見なされる。データと呼ばれるものである。その測定値に基づいて、データ分析が行われることになる。ここでは、データ分析の前提でもあり、また、観察における記録方法の分類として捉えることができる、という意味で、測定値の水準について説明しておきたい。

先に、測定器による観察について説明した際に、ストップウォッチによる時間計測について触れた。このように、測定器によって物理的な特徴を数値として測定されたものは、比率尺度と呼ばれる。つまり、原点ゼロがあり、たとえば、２時間は１時間の２倍であるというように、数値が比率として捉えることができるわけである。なお、厳密には、比率尺度であっても、測定の精度の問題がある。ここでは、数値を示す際は、常に有効数字を意識し、表示する数値の桁に注意することが大切であると指摘するに留めておく。

ユーザ調査に限らないが、人間を対象にした観察で得られた測定値で、比率尺度と呼ばれるものはごく限定される。多くの場合、比率尺度とは見なせない尺度と言われる。

まず、原点ゼロを想定することができない尺度がある。たとえば、学力テストとして能力や知識を測定することが行われているが、そのテストの結果がゼロ点であっても、能力や知識が皆無であることは意味しない。標準化されているテストであれば、90点と80点との差は10点という間隔であるというように判断することは可能であろう。これは、間

隔尺度と呼ばれ、比率尺度と合わせて、量的変数と総称される。

対して、質的変数と総称されるものに、名義尺度と順序尺度（あるいは順位尺度）とがある。先に学力テストの得点は間隔尺度と見なせるように説明したが、厳密には、順序尺度であろう。つまり、たとえば、90点と80点とでは、90点の方が大きい（学力が高い）と判断できるのみであり、90点と80点との差10点と、80点と70点との差10点とは等しいとは言えない、ということである。

最後に名義尺度であるが、これは、文字通り、名前を付けることができたということである。たとえば、先に観察者の個人属性について説明したが、性別について、「男」「女」というように名前を付けることができた、ということである。名義尺度は一見単純な尺度であると思われるが、実は複雑な問題を孕んでいることも指摘しておこう。つまり、たとえば、性別について、生物学的な意味でのセックスと、社会学的な意味でのジェンダーとの区別ということがあり、ある観察対象について名前を付けるだけでも、それ相応の理由や手続きが必要となるわけである。また、いわゆる「質的研究」で顕著であるが、観察した結果を、名義尺度であっても、「言葉」にする、コード化することができるだけでも、大いなる進歩である、ということも言えることは事実であろう。人間の営みは、ことほど複雑であるということである。

測定値の水準についての議論は、実は、たいへん奥の深いものである。この科目では、心理学に基づいた議論を参考にしているが、「心理量の測定」という問題は、心理学という学問における当初からの根本問題であるということでもある。その中で、吉田（1968）も述べているように、Stevens（1951）は、測定値の水準についての考え方の標準になったと言えるであろう。ここでは、吉田（1968）やStevens（1951）を参照にしているが、池田（1971）の作成した表（表4－2）を掲げる

表４-２　測定値の水準

	尺度の水準	目的	特徴	許される演算	尺度どうしの変換	例
定性的変数	1．名義尺度	分類・命名 符号化	$A=B$ または $A \neq B$ の決定	計数の 勘定	１対１ 置換	氏名 番号　サッカー＝1 バレー＝2 男＝1　テニス＝3 女＝2　　等
	2．順位尺度	順序づけ	$A>B$、$A=B$ $A<B$ の決定	順序統計量の統計	単調増加または減少変換	健康　良好＝3 ふつう＝2 よくない＝1 等
定量的変数	3．間隔尺度	等間隔な目盛づけ（原点・単位は任意）	$(A-B)+(B-C)$ $=(A-C)$ の成立	和・差をもとにした統計量の産出	1次変換 $Y=aX+b$	温度（セ氏・カ氏）、 国語・英語標準得点 等
	4．比率尺度	絶対的原点から等間隔の目盛づけ（単位のみ任意）	$A=kB$、$B=lC$ なら $A=klC$ の 成立 $(k \neq 0$、$l \neq 0)$	加減乗除をもとにした統計量の産出	比率変換 $Y=aX$	身長・体重、 絶対温度　　等

（注）水準１の尺度が成り立つ性質は水準２以上の尺度でも成り立つ。
水準２の尺度で成り立つ性質は水準３以上の尺度でも成り立つ。
水準３の尺度で成り立つ性質は水準４の尺度でも成り立つ。

出典：池田（1971）p.81　表５・５

ことでまとめにしたい。詳しくは説明しないが、各水準によって可能な演算があり、それゆえに、水準毎に、適切なデータ分析の手法を採用する必要があるのだ、ということを指摘しておきたい。

7．ユーザ調査法の位置づけについて

本章の最後に、本科目「ユーザ調査法」の位置づけについて触れておく。

ユーザ調査法は、情報学における研究方法論の一つとして位置づけることができる。すでに本科目でも述べてきたように、情報通信機器や

サービスの開発自体は、それぞれ専門の技術者が行うわけであるが、情報通信機器やサービスを実際に利用するユーザについての調査をしないことには、開発された情報通信機器やサービスの評価をすることが終わらないからである。

一方で、科学的にユーザ調査を行うことには、根本的な困難があるのだ、ということも指摘しておくべきだろう。ユーザ調査参加者とは人間さらには生物であり、一方のユーザ調査を行う側の研究者や実験者・調査者もまた、人間さらには生物であるという構図になっていることから、この困難は生じている。そしてここから、研究というものを、何かの「方法」や「手段」と捉えるばかりでなく、「活動」や「実践」と捉えることも生じていると指摘することができるだろう。第２章で述べた、人間の捉え方の違いにも反映されていることである。

ユーザ調査法は、基本的には、データ収集の側面を扱っていることも指摘しておこう。データ収集の際には、得られたデータをどのように分析して研究結果を得るのかというデータ分析の側面を前提あるいは想定して、データの収集を実行する必要があるが、そのデータ分析の方法自体は、汎用性の高いものであり、統計学やデータ解析などで扱われている内容と同じである。放送大学においても、関連する科目が複数存在するので、読者の関心に応じて参照してほしい。

石崎克也・渡辺美智子「身近な統計（'18）」
藤井良宣「統計学（'19）」
林拓也「社会統計学入門（'18）」
北川由紀彦・山口恵子「社会調査の基礎（'19）」
豊田秀樹「心理統計法（'17）」
柳沼良知「デジタル情報の処理と認識（'18）」
秋光淳生「データの分析と知識発見（'20）」

演習問題

ユーザ調査によって得られた、次のようなデータは、どの水準の測定値であるか答えよ。

4.1　ユーザ調査参加者の生年月日

4.2　ユーザ調査参加者の年齢

4.3　ユーザ調査で実施した課題を解決するために要した時間

4.4　ユーザ調査で実施した質問項目「製品Aの使いやすいさは？（選択肢）　4：たいへん使いやすい、3：使いやすい、2：使いにくい、1：全く使いにくい」への回答

4.5　上記、4.1から4.4の4つの問題を同じ人が回答したとして、その正答数

演習問題の解答と解説

4.1　名義尺度

4.2　比率尺度

4.3　比率尺度

4.4　順序尺度

4.5　厳密には順序尺度と見なすべきであろう。ただし、大人数で回答を求め、たとえば標準化などの処理を行うことで、間隔尺度として扱うことも可能になるかもしれない。

引用文献

バーバー，T.X.　古崎敬（監訳）（1980）『人間科学の方法―研究・実験における10のピットフォール』サイエンス社
池田央（1971）『行動科学の方法』東京大学出版会
増田惟茂（1933）『実験心理学』岩波書店
増田惟茂（1934）『心理学研究法―殊に数量的研究について―』岩波書店
Stevens, S. S. (1951). Mathematics, measurement, and psychophysics. In S. S. Stevens (Ed.), Handbook of experimental psychology. New York：John Wiley & Sons. Pp.1-49.
吉田正昭（訳編）（1968）『計量心理学：リーディングス　行動科学としての数理的方法』誠信書房
吉田武（2014）『呼鈴の科学　電子工作から物理理論へ』講談社

参考文献

データ分析や統計学などについては、本文で挙げた放送大学科目が参考になる。「研究」の考え方や進め方については、下記の放送大学大学院科目も参考になる。
高橋秀明・柳沼良知『研究のためのICT活用（'17)』（オンライン授業科目）

5　ユーザの心理を知る１：感覚・知覚、感情・感性の心理学的測定

《目標＆ポイント》 （１）ユーザ評価において、ユーザの感覚・知覚、感情・感性を知ることの重要性を説明することができる。（２）感覚・知覚、感情・感性の測定・評価課題に対して適切な方法を構成することができる。
《キーワード》 感覚・知覚、感情・感性、心理学的測定法

1．ユーザの心理を知る、ユーザの認知を知る

本章、第５章から第７章は、「ユーザの心理を知る」という主題のもとに、第５章は「感覚・知覚、感情・感性の心理学的測定」、第６章は「質問紙法」、第７章は「インタビュー法」と副題をつけている。続く、第８章と第９章は「ユーザの認知を知る」という主題のもとに、第８章は「言語プロトコル法・視線分析法」、第９章は「実験法」と副題をつけている。そこで、このようにしている意図について、本章の本題に入る前に説明しておこう。

本科目では、ユーザ調査、すなわち、ユーザである人間について研究するにあたり、心理学の方法論を参照している点が多々あることは繰り返し述べている。心理学の研究対象についての歴史的なあるいは哲学的な議論はあるが、その研究対象として、人間の心理現象と定めておくことには、大きな異論はないであろう。そこで、ユーザの心理現象を対象とした方法として、心理学の歴史の当初から採用されてきた方法でもあ

り、大枠としては質問法と言える方法であるが、心理学的測定法、質問紙法、インタビュー法の３つを取り上げたわけである。

ユーザ調査の対象は、情報通信機器やサービスであるという意味では、心理学の中でも、認知心理学やその関連領域である認知科学や認知工学との関わりが深いと言える。そして、認知心理学の対象は、人間の心理現象の中でも、認知的な側面であるという意味で、「ユーザの認知を知る」という主題のもとに、２つの章を設けて、認知心理学の代表的な方法論である、言語プロトコル法、視線分析法、実験法の３つの方法を取り上げたわけである。

2. ユーザの感覚・知覚、感情・感性を知る

本節から、本章の本題に入っていこう。

ユーザが情報通信機器やサービスを使ってみて持つ、素朴な意識は、感覚・知覚的なもの（重い、小さい、見えない、など）と感情的なもの（感触が悪い、派手すぎ、気持ち悪い、など）であろう。心理現象としては、第２章で人間工学的見方として紹介したもの、あるいは、それよりももっと原初的なものであろう。あるいは「感性」と言われるもので、たとえば、カッコ良いとか満足した、というような形容詞で表現されるものと言えよう。このような（ある意味で）素朴な意識は、当該機器やサービスの使いやすさに影響をもたらすので、無視できないものである（たとえば、ノーマン（2004））。

ユーザの意識とは別の側面として、各種製品の開発現場で行われている官能評価について触れておくこともできるだろう。すなわち、評価の専門家がその五感を使って、当該の製品の品質について評価をして、当該製品の合否を判定することが行われており、これも無視できないものである。

そこで、本章では、ユーザの「感覚・知覚、感情・感性」を観察する方法について検討することにしよう。第４章において、観察法の分類軸として、「感覚の世界」や「道具の世界」について紹介したが、本章の内容は文字通り「感覚の世界」での観察のことであると言える。しかし、ユーザ調査参加者に主観的観察を求めるためには、その観察の仕方や内容について事前に説明する必要があり（これを「教示」というが）、通常は言葉を使って教示することになるので、言語という「道具の世界」における観察ということにもなるであろう。官能評価で専門家が観察を行う場合でも、当該製品の合否を振り分けるという行動として示すことができるが、検査内容について言葉で説明したり、評価結果を言葉で報告したりということも付随しているので、やはり、「道具の世界」での観察と言って良いであろう。以上の意味では、本章は、すでに、第６章の「質問紙法」や第７章の「インタビュー法」、この２章を合わせて「質問法」を先取りしているとも言える。また、観察の状況を人工的に設定しているという意味では、「実験法」を先取りしているとも言えよう。

渡邊（2014）は、表５-１のように、感覚の分類とその発生機序とをまとめており、ユーザ調査においても参考になる。第４章では、「感覚の世界」ということで五感としたが、その内、触覚については、感覚についての心理学研究としては、「皮膚感覚」としてさまざまなものがあることが分かるだろう。各感覚には、それぞれに、適刺激と、感覚受容器・感覚中枢とが関わって、それぞれの感覚が成立しているわけである。

この表で、適刺激と、適刺激による心理的な感覚との関係を検討するのが、次節で説明する心理物理学的測定法である。ちなみに、感覚中枢の機能との関係をも検討するのが、第13章で扱う生理（心理）学的評

表５−１　感覚の種類

感覚様相	適刺激	感覚受容器	感覚中枢
視覚	電磁波（可視光線）	眼球／網膜内の錐体と桿体	大脳皮質後頭葉 視覚領野
聴覚	音波	内耳／蝸牛内の有毛細胞	大脳皮質側頭葉 聴覚領野
味覚	水溶性味覚刺激物質	舌の味蕾内の味覚細胞	大脳皮質側頭葉 味覚領野
嗅覚	揮発性嗅覚刺激物質	鼻腔上部の嗅覚細胞	嗅脳および嗅覚領野／ 大脳辺縁系
皮膚感覚			
触覚	機械的刺激	皮膚内のメルケル細胞、マイスナー小体、パチニ小体、クラウゼ終棍など、さまざまなタイプの感覚細胞*	頭頂葉、体性感覚野および小脳
圧覚	機械的刺激		
温覚	電磁波		
冷覚	電磁波		
痛覚	すべての強大な刺激		
自己受容感覚**			
平衡感覚	機械的刺激	半器官内の有毛細胞	頭頂葉、体性感覚野および小脳／間脳
運動感覚	機械的刺激	筋・腱・関節内の感覚細胞*	
内臓感覚	機械的／化学的刺激	内臓に分布する感覚細胞*	

（注）*これらの感覚受容器は筋・腱・関節や内臓にも存在し、皮膚感覚に対して深部感覚と呼ばれることもある

**これらの感覚は円滑に機能する間はあまり意識されず、むしろ機能が損なわれた時にめまいや痛みが感じられる。内臓感覚は普段は空腹、渇きや尿意のような複合した感覚として感じられる

出典：渡邊（2014）p.27　表１−１より改変

価法である。

3. 心理物理学的測定法

人間の感覚について観察するわけだが、第４章で述べたように、観察結果のデータは４つの水準の尺度のいずれかとして表すことができる。すでに、本章でも、「重い」「感触が悪い」「満足した」というような形容詞を示してきたが、たとえば、ある感覚の結果を「重い」という形容詞に表現することができたということは、名義尺度として成立したとい

うことを意味しているわけである。そして、その「重い」という感覚をもたらした、評価対象となった製品について、その重量という物理的特徴についても同時に観察（測定）することができるわけである。こうして、物理量と心理量（注：この例では、「重い」という名義尺度であるので、心理「質」と言った方が正確かもしれないが、尺度化はできたという意味では、心理「量」ということもできるであろう。また、心理量というよりも、「重い」という「感覚量」ということもできよう。）との対応関係を探るということが、心理物理学的測定法と言われる方法の基本的な考え方である。

心理物理学的測定法としては、調整法、極限法、恒常法と呼ばれる分類がある。いずれも、人工的な場面を設定してユーザの観察を行うことになるので、実験法とも言えよう。また、観察の仕方や内容について言葉で教示を行うことにもなるので、質問法とも言えよう。以下、熊田・遠藤（2003）の挙げている「明るさの心理量」を例にして紹介しよう。

調整法

ユーザ調査参加者自身で刺激の量を調整して判断結果を得る方法である。ユーザ調査参加者には、標準刺激とテスト刺激とを提示し、テスト刺激の波長を変化させることができる器具を使って、標準刺激と同じ明るさに感じるように調整することを求めるという方法である。研究者は、ユーザ調査参加者が同じ明るさと報告したテスト刺激の波長と、標準刺激の波長とを測定（記録）しておくことになる。

極限法

刺激の量を一定の方向に少しずつ変えながら、ユーザ調査参加者に「異同」などの判断を求める方法である。たとえば、標準刺激に比べて十分に暗いテスト刺激を提示して、徐々に明るくしていき、２つの刺激の明るさを比較することを求める方法である。研究者は、ユーザ調査参加者が「暗い」から「明るい」に変化した際のテスト刺激の物理量を測定しておくことになる。逆に、標準刺激に比べて十分に明るいテスト刺激を提示して、徐々に暗くしていき２つの刺激の明るさを比較することをユーザ調査参加者には求め、研究者は、「明るい」から「暗い」に変化した際のテスト刺激の物理量を測定しておくことも行う。

恒常法

刺激の量を少しずつ変化させた複数のテスト刺激をあらかじめ用意しておき、ユーザ調査参加者に「異同」などの判断を求める方法である。たとえば、明るさの異なる複数のテスト刺激を用意しておき、ユーザ調査参加者にはそれらのテスト刺激をランダムに提示して、提示されたテスト刺激と標準刺激とでどちらを「明るい」と感じるか判断させて、明るいと感じる刺激を選択することをユーザ調査参加者に求めるという方法である。研究者は、それぞれのテスト刺激の物理量と、各テスト刺激でのユーザ調査参加者の判断とを測定しておくことになる。

心理物理学的測定法では、「閾」という概念が大切であるので、簡単に説明を追加しておこう。「閾」は弁別閾と絶対閾とが区別される。まず、絶対閾とは感覚そのものが生じるか生じないかの境目となる刺激量の差のことをいう。一方で、弁別閾とは与えられた刺激の量が異なるということを区別することができる最小の刺激量の差のことをいう。上で使った、「明るさ」を例にすると、明るいか暗いかと区別することができる最小の刺激量の差が弁別閾、明るさという感覚を生じるか生じないかの境目となる刺激量の差が絶対閾ということになる。「閾」という概念は、心理物理学的測定法に限らず、さまざまなユーザ調査法においても基本となる概念である。ある意識を持つか持たないか、ある行動を取るか取らないか、ある状態に入るか入らないか、などなどは、人間や生物を調査する際に、鍵となる概念の一つである、ということである。

心理物理学的測定法について、調整法、極限法、恒常法について検討してきたが、これらの方法によって得られた測定結果は、どの水準の尺度と見なすことができるであろうか？　「明るさ」という感覚を例にして説明してきたが、いずれの方法でも、２つの刺激を比較して、どちらがより明るいと感じるかということを示しており、弁別閾を測定したと言えるので、順序尺度と見なすことができるだろう。

4. 一対比較法

前節の心理物理学的測定法の最後の恒常法では、研究者があらかじめ複数のテスト刺激を用意していた。そこで、それらのテスト刺激同士を対にして提示して、どちらが「明るい」と感じるかをユーザに判断することを求めることもできる。このように、評価したい複数の対象について、対象を２つずつ対にしてユーザ調査参加者に提示して、その感覚や感情などを比較判断してもらうことを、一対比較法という。

一対比較法は、ユーザ調査参加者の感覚や感情によって、複数の対象を序列化することができる（つまり、順序尺度を構成することができる）ばかりでなく、その結果を用いて、間隔尺度を構成するための方法としても用いられることが多いと言える。

5. 多次元尺度構成法とSD法

本章でここまで検討してきた方法は、いずれも、ある一次元に基づいて、ユーザ調査参加者自身の感覚を用いた評価方法であった。しかし、ユーザ調査法の対象である情報通信機器やサービスは、ある特定の一次元の基準で評価可能であるものは極めて少ないと言わざるを得ないだろう。つまり、たとえ、感覚・知覚や感情・感性の評価であっても、複数の次元（観点）を同時に評価する方法が必要であるということである。そこで、本節では、多次元尺度構成法とSD法とを簡単に紹介しよう。

多次元尺度構成法

前節で一対比較法について述べたが、複数の評価対象について、その全ての組み合わせについて、親近性に基づくデータが与えられた時、データ全体に内在する構造を、各対象を空間内に布置して表現しようとするものである。親近性とは、研究者の目的によって決めればよく、前記と同じ例を使えば、２つの対象間で「明るさ」がどれくらい近いか、似ているかということを、順序尺度（たとえば、７：たいへん近い　から　１：まったく近くない　の７段階）を用いて、ユーザ調査参加者に判断することを求めるという方法を取ることになる。この方法は厳密には、非計量的な多次元尺度構成法と呼ばれるものである。親近性に基づくデータを物理量としての距離データとして与えられていれば、計量的多次元尺度構成法と呼ばれるものとなる。

ユーザ調査においては、非計量的多次元尺度構成法を取ることが一般的であろうが、その結果を２次元ないしは３次元の空間に布置することで、各次元の意味を考察することが可能となり、データ全体の構造についての仮説生成に生かすことができるであろう。

SD法

感覚・知覚や感情・感性の評価について、複数の次元（観点）を同時に評価する方法ということで、SD法についても簡単に触れておこう。

SD法（意味微分法 semantic differential method）とは、その名称が示す通り、「意味」を評価する手法として、心理学者のオズグッド（C. E. Osgood）によって1950年代に開発されたものである。その基盤には、媒介理論と呼ばれる学習理論があるが、開発された当時から、「意味」を評価することに関して批判されてきたものでもある。一方で、田中（1978）が述べている通り、複数の評価対象に対して、多次元の観点から評価する手法の需要が高いにも関わらず、SD法以外に洗練されている方法がほとんど無いこともあり、現代でもユニークな手法として認めるべきであろう。

ここでは、田中（1978）に従って、オズグッドによって開発されたSD法を、ユーザ調査になぞらえて説明することを試みてみよう。SD法の基本要素は、コンセプトとスケールと被験者である。被験者とはここではユーザ調査参加者となる。コンセプトとはユーザ調査の評価対象であり、通常は評価対象の名称であり、名詞で示される。スケールとはコンセプトを判断するための尺度（物差し）であり、形容詞対である。

まず、ユーザ調査に先立って、SD法のスケール作成から始める。すなわち、（理想的には）ユーザ調査参加者とは独立した調査協力者200人に、ユーザ調査の評価対象とは独立した事物の名詞40語を適当な言語連想表から選んで提示して、各名詞に対して最初に思い浮かんだ形容詞を書くことを求める。そして産出頻度の高い形容詞を集め、各語に反対語を付け加えて、50個の形容詞対（例：良い good- 悪い bad、強い strong- 弱い weak、積極的 active- 消極的 passive、…）を作成し、SD法のスケールを作成しておく。

続いてユーザ調査に移る。（理想的には）ユーザ調査参加者100人ほどに、ユーザ調査の評価対象として（理想的には）20個ほどの製品を、50対のスケール上で、7段階形式でチェックすることを求める。その後、７段階のスケール上にチェックされた位置によって、１から７の数値を割り当てて、因子分析を行うという手順となる。

オズグッドは一般名詞からなるコンセプトを用いて、また英語以外の言語を用いて、同じような調査を繰り返した結果、以下のような３因子構造（EPA 構造）を見いだした。

- 第１因子：評価 evaluation（E）因子 「良い good- 悪い bad」、「美しい beautiful- 醜い ugly」など
- 第２因子：効力 potency（P）因子 「大きい large- 小さい small」、「強い strong- 弱い weak」など
- 第３因子：積極性 activity（A）因子 「速い fast- 遅い slow」、「積極的 active- 消極的 passive」など

以上から、オズグッドは、一般に意味構造とは EPA 構造を持つとした。ただしこのオズグッドの「意味」とは、「指示的（denotative、designative、referential)」な意味ではなく「内包的 connotative、感情的 emotive、比喩的 metaphorical」な意味としている。

ユーザ調査において、スケール毎に、たとえば平均値のプロフィールを得て、評価対象によるプロフィールの違いを明らかにすることができる。さらに、得られた結果を因子分析にかけることで、EPA 構造として解釈することが可能となる。

6. まとめ：感性の評価について

本章のまとめとして、感性の評価について簡単に触れておく。

まず、感性とはその定義自体を行うことが困難である。たとえば、三浦（2014）は、哲学者による定義「感じることの性質もしくは能力」、生理学者による定義「瞬間的あるいは直観的に物事を判断する能力」とを紹介した後、三浦自身の定義が「ものやことに対して、無自覚的、直

観的、情報統合的に下す印象評価能力。創造や表現などの心的活動にも関わる」から「包括的、直観的に行われる心的活動およびその能力」と提示し直したことを述べた後で、「印象評価に伴う知覚」と位置づけることも可能であるとしている。

また、感性の評価についても困難であることが知られている（たとえば、黒須（2016）など）。つまり、感性の評価にあたっては、評価対象である人工物に備わっている感性品質（美しさや可愛さ）と、その刺激によってユーザの内部に生起する感性体験（美しい、可愛いというものの他に、嬉しい、楽しい、好き嫌いなどの感情的なもの）とが区別される。そこで、感性の評価にあたり、感性品質を評価しようとすると同時に、評価者は感性体験をすることになってしまうために、感性品質を評価することは困難になる、ということである。

本章で検討してきた内容は、人間の感覚・知覚や感情・感性の心理学やその応用研究分野でもある感性工学という領域で研究されている。放送大学にも以下のような関連科目があるので、読者の関心に応じて参照されたい。

石口彰「知覚・認知心理学（'19)」
菊池聡「錯覚の科学（'20)」
黒須正明「感性工学入門（'16)」（オンライン授業科目）

学習課題

5.1　本章で学んだことを生かして、どのような情報通信機器を開発するべきであるか考えてみよ。

5.2　現在利用している情報通信機器やサービスの中で、本章の内容と関わりの深いことを分析してみよ。

引用文献

熊田孝恒・遠藤信貴（2003）「心理量の計測」『計測と制御』，42（12）1039-1043.
黒須正明（2016）「感性工学入門（'16）」（放送大学オンライン授業科目）
三浦佳世（2014）「感性認知」，行場次朗・箱田裕司（編）『新・知性と感性の心理―認知心理学最前線―』福村出版，Pp.64-77.
ノーマン，D. 岡本明・安村通晃・伊賀聡一郎・上野晶子（訳）（2004）『エモーショナル・デザイン 微笑を誘うモノたちのために』新曜社
田中潜次郎（1978）「意味微分法の基本特性に関する一考察」『室蘭工業大学研究報告　文科編』，9(3)，501-537.
渡邊洋一（2014）「感覚の多様性」，行場次朗・箱田裕司（編）『新・知性と感性の心理―認知心理学最前線―』福村出版，Pp.24-35.

参考文献

本文で挙げた放送大学科目の他に、引用文献でも挙げているが、以下が参考になる。

行場次朗・箱田裕司（編）（2014）『新・知性と感性の心理―認知心理学最前線―』福村出版

6　ユーザの心理を知る２：質問紙法

《目標＆ポイント》　（１）ユーザ調査における質問法の位置づけについて理解する。（２）質問紙法とインタビュー法とは質問法であることを理解する。（３）質問紙の作成と調査の実際について理解する。
《キーワード》　質問法、質問紙法、インタビュー法

1．言語を媒介とした観察：質問法・質問紙法とインタビュー法

第６章と第７章とは、副題で「質問紙法」と「インタビュー法」としているが、いずれも、言語を媒介とした観察の方法であるということができる。あらためて述べるまでもなく、言語とは人間を人間らしくしている特徴の一つである。そして、言語を使って、物事について尋ねる、すなわち言葉のやり取りを行うということは、日常生活においてもごく自然に行っていることである。このように、言語を媒介とした観察の方法を総称して、質問法ということができよう。

なお、第５章で触れたが、ユーザ調査においては、研究者（ないしは実験者や調査者）がユーザ調査参加者に対して言葉を使って「教示」を行って調査を行うことになるので、全てのユーザ調査の方法は「質問法」であるということもできることも指摘しておこう。

続いて、質問紙法とは、言語を媒介とするが、それを文字や記号など書き言葉を利用して行う方法であると言えよう。第７章で扱うインタ

ビュー法とは、やはり言語を媒介とするが、それを話し言葉を利用して行う方法であると言えよう。いずれも、絵画などを示して質問したり、回答は絵を描くことで求める、ということもあるが、それに付随して、書き言葉や話し言葉を使って観察するので、言葉を媒介とする観察の方法と言って良いであろう。

質問法の特徴を一言で述べるとすると、研究者（ないしは実験者や調査者）もユーザ調査参加者も、その言語能力に大きく依存しているということがある。研究者（ないしは実験者や調査者）の言語能力とは、質問紙法でもインタビュー法でも、ユーザに尋ねる質問の仕方、質問の内容について、信頼性・妥当性のあるものを開発し、質問と応答を実践する能力ということである。ユーザ調査参加者の言語能力についても同様であるが、特に、年少者や高齢者、言語障害者、外国人などがユーザ調査参加者である場合には、特別の配慮が必要になることも多い。

質問紙法でもインタビュー法でも、ユーザ調査参加者と調査者とが対面して調査を行うことができる場合には、以上の言語能力の制約を解消できる機会があるとも言える。その調査の場面で、質問や回答を繰り返したり補足説明をしたりすることが容易であるからである。しかし、そのことによって、質問法としての信頼性・妥当性が揺るがないように配慮することも必要になってくることも事実である。ユーザ調査参加者と調査者とが対面して調査を行うことができる場合には、観察法の利点も生かすことが可能になることも指摘しておいて良いだろう。研究の目的とは直接関係がないことに思われるかもしれないが、調査中のユーザ調査参加者の挙動には調査者は留意する必要があるだろう。観察法の利点としてよく挙げられることとしては、ユーザ調査参加者の行動の変化や事態の経過を同時に記録することができる、研究目的以外の副次的な側面についても観察できる、その場で観察の精度を上げることができる、ということがある。一方で、観察法には、観察者（調査者や実験者）の観察技量に依存するという根本的な制約があることも事実である。もっとも、観察法は科学的方法の基礎であるので、全ての研究方法は、観察者の観察技量に依存しているので、同語反復でもある。

質問法、つまり言語を媒介とする観察には、いくつかの利点がある。まず、外部から観察することができることと、ユーザの行動や生理の変化との間にあるものについて、たとえば、ユーザ調査参加者の感情、知覚、欲求、動機と言われるものについては、言語によってアプローチすることが可能であるということである。ユーザ調査参加者の歴史的な側面についても、十全ではないが、言語によってアプローチすることが可能である。昔のことを尋ねたり、時間をおいて質問法を繰り返したりすることは、実行可能性が高いと言えよう。そして、ユーザ調査参加者のプライベートなこと、独自的なことについても、言語によってアプローチすることが可能である。いずれも、人間を人間らしくしている言語の特徴ということであろう。

ここで本科目では、「アンケート」という用語は使っていないことを断っておく。筆者は、アンケートと質問紙法とは同義であると捉えており、用語を統一したということである。

2. 質問紙法の形式や分類

質問紙法にはさまざまな形式や分類があるので、代表的なものを順次説明していこう。

2.1. 実施方法による分類

質問紙法をどのように実施するかという観点から分類すると、面接調査、郵送調査、集合調査、留置調査、電話調査、インターネット調査などがある。

面接調査（インタビュー調査）

調査者がユーザ調査参加者に直接会って行う形式である。調査者がユーザ調査参加者の自宅や職場を訪問したり、ユーザ調査参加者に特定の場所に来てもらったり、ユーザ調査参加者（の候補者）がいるであろう場所に調査者が待機してユーザ調査参加者を選んで調査を行ったり、ということもある。

郵送調査

質問紙をユーザ調査参加者に郵送して回答を求め、回答済みの質問紙を返送してもらうという形式である。調査に必要な経費が、質問紙の印刷代、郵送のための封筒代、郵送代となり、比較的軽費で実施可能である。しかし、一般的に、郵送調査では回答率が非常に低いと言われる。そこで、催促状を発送したり、回答者に謝礼を与えるなどをして、回答率を上げるということも行われている。

集合調査

ユーザ調査参加者にある場所に集まってもらって実施する形式である。ある地域の住民に公民館に集まってもらう、公民館での行事やクラブ活動の機会を利用する、学校で学生や生徒に対して一斉に実施する、などが典型例となる。

留置調査

質問紙を一定期間ユーザ調査参加者に渡しておき、後日回答済みの質問紙を回収する形式である。郵送調査や面接（訪問）調査さらには集合調査と組み合わせて、質問紙を渡す、質問紙を回収するのを、郵送によってあるいは対面時に行うこともある。

電話調査

ユーザ調査参加者に電話をして調査を行う形式である。マスコミなどで世論調査の結果が報道される際に使われる方法として、なじみのある読者も多いだろう。その際に、RDD（Random digit dialing）という名称にもよく出会うだろう。これは、電話番号を無作為に抽出して行う方法であるが、ユーザ調査においても利用可能である。RDD は昔は固定電話を対象にしていたが、最近では携帯電話も含めて行われるようになってきた。

電話調査に関しては、CATI（Computer Assisted Telephone Interviewing）についても触れておくべきであろう。コンピュータと連動した電話システムであり、ダイヤルの発信や回答結果の入力、さらには入力データの管理などをコンピュータによって行うことができる。

インターネット調査と紙と鉛筆形式の調査

インターネットの普及に伴い、インターネットを利用して質問紙調査を行うことも一般的になってきた。今現在も一般的と言えるが、従来の紙ベースでの質問紙調査は、紙と鉛筆形式のテスト paper and pencil test とも呼ばれるものである。文字通り、質問内容を紙に書いたり印刷したりして、質問内容が多く複数ページに渡る場合には綴じて小冊子形式にして用意する。調査票という言い方もあるが、ここでは、質問紙という表現に統一している。紙と鉛筆形式のテストの場合には、回答された質問紙を回収して、研究者（ないしは調査者やデータ分析協力者）がその結果をコンピュータなどに打ち込むデータ入力の作業も必要となる。

さて、インターネット調査には大別して、Web上で質問内容を展開し回答を得る形式（Web調査）と、質問紙の文書ファイルを電子メールの添付ファイルで送付する形式とがある。Web調査では、電子メールなどで、質問紙調査が実装されているサイトのURLを通知することで調査依頼ができ、また、回答データの管理を行うことができるので、たいへん便利である。一方で、ユーザにとっては、回答形式への制約が大きいために、回答が困難になることもあり得る。

なお、電話調査のCATIで説明したが、その際のコンピュータは通常はインターネットに接続されており、複数の調査者が情報を共有しながら調査を行うことが可能となっていることも指摘しておこう。

2.2. 内容からの分類

次に、質問紙法を、その内容の観点からは、意識の調査、行動の調査、事実の調査というように分類されることも多々ある。最も分かりやすいのが、事実の調査である。

事実の調査

ユーザ調査協力者の事実に関することがらについて調査するということである。年齢や性別、身長や体重など身体的特徴など、第３章で紹介したユーザのさまざまな属性に関することがらの多くが該当すると言える。ユーザ調査参加者と接していて、研究者（ないし調査者）が見た目で判断できることも多いが、ユーザ調査参加者に質問をして回答を得るべきである。

それ以外に、世の中で一般的に知られていること、たとえば、日本の首都は？　というようなことも事実に関する調査である。しかし多くの場合には、一般的に知られている事実について、ユーザ調査参加者がどのように思うか？　どのように対処しているか？　を質問することが多くなるであろう。これらは、意識の調査や行動の調査と分類される調査となる。ユーザ調査参加者は自らの意識や行動を振り返って回答することになり、主観的観察を求めているわけである。

意識の調査

ユーザ調査が、情報通信機器やサービスの使いやすさを検討することであることはすでに述べた。そこで、研究対象としている機器の使いやすさをユーザ調査参加者に質問することもできる。ユーザ調査参加者が使いやすいと感じているか否かということから、意識の調査として分類することができる。そして、ユーザ調査参加者が使いやすい／使いにくいと感じていると回答すれば、研究者としては、その理由を同じユーザ調査参加者に質問するであろう。これも、意識の調査と言えるものである。

ユーザ調査参加者の挙げる理由として、たとえば、その機器がカッコ良いからという理由があがれば、研究者としては、当該の機器の利用にあたっての感情や感性について、さらに深く研究しようと思うだろう。ユーザ調査参加者の挙げる理由として、機器の操作ボタンが小さくて使いにくいという理由が挙がれば、研究者としては、ユーザ調査参加者に実際に当該の機器を利用することを求めて、その際のユーザ調査参加者の行動を観察するというように実験的場面を設定して、使いにくさの原因を特定しようと思うだろう。さらに、ユーザ調査参加者の挙げる理由として、会社で決められた機器なので使っているという理由が挙がれば、研究者としては、その会社で当該の機器を使うことを決定した人物に、さらに調査を行う必要があると認識するであろう。

行動の調査

前記で、ユーザ調査参加者の行動を観察すると書いたが、行動の調査と分類されるものとなる。ユーザ調査参加者に自分自身の行動を振り返ることを求める質問も可能であるし、研究者がユーザ調査参加者の行動を観察することも可能である。本章は、質問紙調査を扱っているので、基本的には、ユーザに自分自身の行動を振り返ることを求めるものを想定されたい。

2.3. 回答形式からの分類

質問紙法は、その回答形式から分類することもできる。まず、質問紙法は、ユーザ調査参加者の回答の仕方について自由にするか否かによって分類することができる。

回答の自由な形式

回答の仕方が自由である形式にも、いくつかの形式があるので、その代表的なものを以下で簡単に説明しておこう。

- 自由回答法：文字通り、ユーザ調査参加者に、自由に回答を求める形式である。字数を制限する場合もあるが、紙と鉛筆のテスト形式であれば、紙という物理的な制約のために、厳密には字数に制限があるということになる。ユーザ調査の目的によって、文字以外に、絵や図を自由に書くことを求める場合もある。
- 言語連想法：ある刺激語から連想する語を自由に産出することを求める形式である。
- 文章完成法 sentence completion test（SCT）：文章の一部のみを示して、その文章を完成することを求める形式である。

回答の限定される形式

回答の仕方が自由ではなく制限を加える形式にも、いくつかの形式があるので、その代表的なものを以下で簡単に説明しておこう。なお、一部の形式については、第５章の心理物理学的測定法で紹介している。

- 賛否法（真偽法、二肢選択法）、多肢選択法
  選択肢を用意して、いずれかを選択することを求める形式である。選択肢が２つの場合には、「賛成か反対か」「真か偽か」を問うことが多く、賛否法や真偽法と言われることもある。また選択肢の数で、二肢選択法と言われることもある。選択肢の数によって、三肢選択法、四肢選択法、一般的には多肢選択法と言われる。
- 分類法：一群の項目を示しておいて、何らかの基準で分類することを求める方法である。
- 摘出法（チェックリスト法）：一連の項目をランダムに羅列し、一定の基準に該当するか否かをチェックすることを求める方法である。
- 順位法：一群の項目について、一定基準に従って、１位から最下位まで順位づけをすることを求める方法である。
- 一対比較法：一群の項目から任意の２項目を取り出し、一定基準による大小関係の比較判断を求める方法である。
- 評定尺度法：一群の項目について、一定の順序尺度（以上の尺度）上のいずれに該当するかの判断を求める方法である。
- SD 法：刺激に対する情緒的意味やイメージを調べる技法と言われる。形容詞対を両側にした評定尺度で、ある刺激について評定することを求める方法である。

質問１　あなたは、パーソナルコンピュータを持っていますか。
当てはまるものを○で囲んでください。
はい・いいえ

質問２　あなたが、利用しいるSNSは何ですか。
当てはまるものの括弧に○を付けてください（複数選択可能です）。
(　)Facebook　(　)Google+　(　)Instagram　(　)LINE　(　)mixi
その他記入してください＿＿＿＿＿＿＿＿＿＿＿＿＿＿＿＿

質問３　次のSNSまたはインターネットのサービスについて、
あなたが「経験した」か「経験していない、知らない」かで分けてください。
Ameba　Facebook　Google+　GREE　Instagram　LINE　LinkedIn　mixi
Myspace　Qzone　Skype　Tumblr　Twitter
回答欄 経験した＿＿＿＿＿＿＿＿＿＿＿＿＿＿＿＿
経験していない、知らない＿＿＿＿＿＿＿＿＿＿＿＿

質問４　ユーザ調査の準備状況について、当てはまるものに○を付けてください。
(　)研究目的はきちんと決めている
(　)研究方法について勉強し、理解している
(　)データ分析について勉強し、理解している
(　)指導教員に相談済みで、すぐに調査を実施することができる
(　)ユーザ調査の計画書を書きはじめたところである

質問５　次のSNSまたはインターネットのサービスについて、
あなたの好きな順番に１から番号を振ってください。
(　)Facebook　(　)Google+　(　)Instagram　(　)LINE　(　)mixi

質問６　次の２つのSNSについて、好きな方に○を付けてください。
（1）(　)Facebook 対 (　)Google+
（2）(　)Facebook 対 (　)Instagram
（3）(　)Google+ 対 (　)LINE（注：すべての対を示していない）

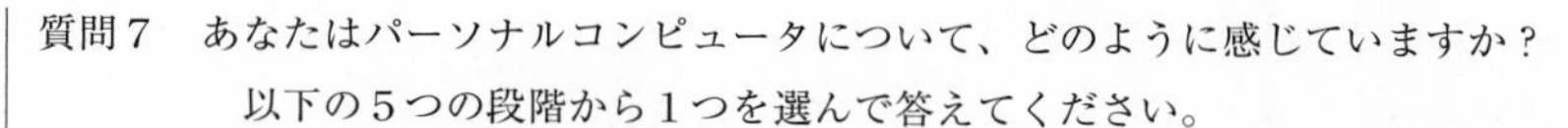

質問7　あなたはパーソナルコンピュータについて、どのように感じていますか？
　　　以下の5つの段階から1つを選んで答えてください。

(　)たいへん便利である
(　)便利である
(　)どちらとも言えない
(　)不便である
(　)たいへん不便である

質問8　あなたはA社のパーソナルコンピュータについて、どのように感じていますか？
　　　それぞれの項目について、最もよくあてはまる程度を1つ選んで
　　　その数字に○を付けて答えてください。

「A社パーソナルコンピュータ」

良い	5	4	3	2	1	悪い
美しい	5	4	3	2	1	醜い
大きい	5	4	3	2	1	小さい
強い	5	4	3	2	1	弱い
速い	5	4	3	2	1	遅い
積極的	5	4	3	2	1	消極的

図6-1　さまざまな回答形式

図６－１にさまざまな回答形式の具体例を示してみた。質問１は賛否法、質問２は多肢選択法であるが、「その他記入してください」への回答は、自由回答法である。

質問３は分類法、質問４はチェックリスト法、質問５は順位法、質問６は（すべての対を示していないが）一対比較法、質問７は評定尺度法である。質問８はSD法であるが、例示している形容詞対は、第５章で紹介したオズグッドによる形容詞対（の日本語のみ）となっている。

以上、質問紙法についてその回答形式からの分類について説明してきたが、ユーザ調査参加者にどのように回答を求めるかによって、調査後のデータ分析の方法が異なってくることは指摘しておきたい。

3. 質問紙の作成と調査の実施

ここでは、実際に質問紙を作成する方法や注意点を述べておく。

まず、研究の目的をきちんと決めておく必要がある。ユーザ調査における研究目的については、第４章で述べたが、記述、予測、制御と他の科学と同様である。そして、その研究目的に照らして、質問紙法が適切な方法であると判断したのならば、やはりその研究目的に照らして、質問紙を作成していくことになる。

つまり、研究目的に照らして、どんな内容の質問紙にするのか、それぞれの質問に対してどのような回答形式を取ってユーザ調査参加者からの回答を得るのか、完成した質問紙をどのような手段でユーザ調査参加者に届けるのか、ということを決めていく、ということである。その際には、やはり第４章で述べたように、観察の妥当性と信頼性に注意して、この作業を進めるということである。

まず、質問紙の内容については、どのような内容をどのような言葉遣い（ワーディング）で表現するか、ということを決めていく必要がある。内容については、関連する先行研究で質問紙法を使っているのであれば、その先行研究で使われた質問項目を参照することができる。将来、研究成果を公表する際には、当該の先行研究を「引用」することを忘れないようにすることは言うまでもない。

関連する先行研究が無い場合には、研究者が自ら作り出すしかない。その際に、その領域の専門家に意見を求めることは自由である。質問項目での言葉遣い（ワーディング）については、特に、妥当性や信頼性に注意する必要がある。質問したい内容は決まったけれども、そのことがきちんとユーザ調査参加者に伝わって理解することが可能になるように、そしてその理解が一意になるように、言葉遣いを決めていく必要がある。

質問紙が複数の質問項目からなる場合には、それらの項目の配列や順序にも配慮する必要がある。質問紙の質問項目が多かったり、自由回答形式の質問項目が多かったりすると、そのことだけでも、質問紙の信頼性が損なわれる可能性が高まる。単純には、質問に答えるということ自体に疲労したり、前の質問への回答と比較したり、ということが起きやすくなるからである。また、質問項目の順序によっては、誘導質問となってしまうこともあり、やはり注意が必要である。

質問項目によっては、条件分けをして、ユーザ調査参加者の回答によって、異なる質問項目に飛んで回答することを求めることもあるが、そのことが明確に分かるようにしなければならない。

回答の限定される形式の質問項目を多用する場合には、逆転項目を入れるか否かも検討して、実行する必要がある。たとえば、評定尺度法で回答を求める場合に、順序尺度の順番を逆にした項目を入れておいて、ユーザ調査参加者に惰性で回答しないように工夫することもできる。評定尺度法の質問項目を使う場合には、単極にするか双極にするか、ポイント数をどうするか、ポイント表現を文にするか数字にするか、など決めることになる。

図６－２に具体例を示してみた。質問１と質問２、質問３と質問４が、それぞれ逆転項目を示している。質問１と質問２とはポイントを文で表現した例、質問３と質問４とはポイントを数字で表現した例である。質問５は単極で表現した例、それ以外の質問１から質問４は双極で表現した例である。

こうして、質問項目ができ上がったら、それらを用紙に印刷することになるが、その用紙の印刷についても、具体的な仕様を決めていく必要がある。利用するフォントの種類、文字の大きさ、字体、１ページ当たりで１行の文字数と行数、などなどである。質問紙が複数枚にわたるのであれば、どのように綴じるのか決めなければならないということもある。

ユーザ調査の目的によるが、ユーザ調査参加者の個人情報についても質問項目に入れるか否かを決めて、入れる場合には、どこに入れるのかを決める必要もある。同様に、質問紙への回答の仕方について説明した教示文についても、きちんと用意して、質問項目本体の前に、配置しておく必要がある。

こうして、質問紙が完成したとしても、実際の調査の前に、決めておく必要があることは多々ある。特に集合調査の場合には、ユーザ調査参加者に指定場所に集まってもらい調査を実施するので、その際の挨拶から始まり、調査目的の説明、教示文の読み上げ、回答の仕方の説明、など決めておき、必要に応じて、質問調査ガイドとして手元に印刷して用意しておくと良い。実際に調査を開始し、回答を求め、質問紙を回収し、調査を終えるわけであるが、その際の挨拶なども決めておく必要がある。

質問１　あなたはＡ社のパーソナルコンピュータについて、どのように感じていますか？以下の５つの段階から１つを選んで答えてください。

（　）たいへん便利である
（　）便利である
（　）どちらとも言えない
（　）不便である
（　）たいへん不便である

質問２　あなたはＢ社のパーソナルコンピュータについて、どのように感じていますか？以下の５つの段階から１つを選んで答えてください。

（　）たいへん不便である
（　）不便である
（　）どちらとも言えない
（　）便利である
（　）たいへん便利である

質問３　あなたはＡ社のパーソナルコンピュータについて、どのように感じていますか？以下の５つの段階から１つを選んで答えてください。

たいへん便利である　１　２　３　４　５　たいへん不便である

質問４　あなたはＢ社のパーソナルコンピュータについて、どのように感じていますか？以下の５つの段階から１つを選んで答えてください。

たいへん不便である　１　２　３　４　５　たいへん便利である

質問５　あなたはＣ社のパーソナルコンピュータについて、どのように感じていますか？以下の５つの段階から１つを選んで答えてください。

まったく便利でない　１　２　３　４　５　たいへん便利である

図6-2　逆転項目、ポイントの表現、単極・双極表現

演習問題

図６－１で示した回答形式の内、次の回答形式の回答は、どの水準の尺度であるか答えよ。

6-1　質問１　はい・いいえ

6-2　質問２　その他記入してください

6-3　質問７　たいへん便利である　から　たいへん不便である　の５肢

演習問題の解答

6-1　名義尺度

6-2　名義尺度

6-3　順序尺度

参考文献

本章では、引用文献はないので、参考文献を挙げておく。

放送大学の関連科目は以下である。

北川由紀彦・山口恵子「社会調査の基礎（'19）」
三浦麻子「心理学研究法（'20）」

質問紙法に関わる類書は多くある。初学者には上から読むことをすすめる。

鎌原雅彦・大野木裕明・宮下一博・中澤潤（編）(1998)『心理学マニュアル　質問紙法』北大路書房
田中敏（2006）『実践心理データ解析―問題の発想・データ処理・論文の作成　改

訂版』新曜社
豊田秀樹（編）(2015)『紙を使わないアンケート調査入門―卒業論文，高校生にも使える―』東京図書

7　ユーザの心理を知る3：インタビュー法

《目標＆ポイント》（1）インタビュー法の分類について理解する。（2）インタビュー法の進め方について理解する。
《キーワード》 構造化インタビュー、半構造化インタビュー、非構造化インタビュー、グループインタビュー、インタビューガイド

1．言語を媒介とした観察：質問紙法とインタビュー法

第6章のはじめに、第6章の「質問紙法」も第7章の「インタビュー法」も、いずれも言語を媒介とした観察の方法であると説明した。そして、質問紙法は書き言葉を、インタビュー法は話し言葉を、それぞれ媒介とした方法であることも説明した。

ここでは、もう少し、質問紙法とインタビュー法とを比較してみて、それぞれの特徴を示してみたい。第6章で説明したように、質問紙法の場合にも、ユーザ調査参加者と調査者とが対面する、つまり、形式上は、インタビュー法と同じということもあるので、ここでの説明は、ユーザ調査参加者と調査者とが対面しない質問紙法の場合と、インタビュー法とを比較して、それぞれの利点を検討するということになる。

質問紙法の利点としては、まず、コストがかからないということを挙げることができる。質問紙自体ができてしまえば、それをユーザ調査参加者に配布し、回答を待つだけでよいので、費用や時間がかからないと

言えよう。続いて、質問紙自体は同じものが使われるので、質問における語法が統一され、調査者個人毎の質問における語法の違いがないという意味で、信頼性の高い観察を行うことが可能であると言えよう。また、他の調査事態への一様性が保証されるという点も利点として挙げることができるだろう。最後に、ユーザ調査参加者と調査者とが対面していないので、ユーザ調査参加者は即答することに圧力を感じなくて良いということがある。ユーザ調査参加者のペースで質問紙への回答ができるというのは、ユーザ調査参加者にとって安心であろう。

一方で、インタビュー法の利点もある。まずは、質問を言い換えたり、質問を重ねることが可能であるので、妥当性の高い観察を行うことが可能であると言えよう。さらに、ユーザ調査参加者の言語報告の妥当性を、その場その場で評価する機会が多いとも言えよう。

しかし、ユーザ調査参加者と調査者とが対面で行っているために、調査者のちょっとした言葉遣いや振る舞いが、ユーザ調査参加者に影響を及ぼす可能性が高いことも事実であることは指摘しておきたい。第４章で述べた、「実験者の無意図的期待効果」の罠という問題もあることも指摘してよいだろう。

ここで、インタビュー法と面接法との言葉遣いについて若干の補足をしておく。本科目はユーザ調査法であるので、「インタビュー法」という用語を使っている。心理学、中でも臨床心理学では「面接」あるいは「面接法」によって臨床の実践を行っているので、「インタビュー」という用語は使われないであろう。

2. インタビュー法の分類

ここでは、インタビュー法にはどのような形式があるのか、その分類について説明してみたい。

2.1. 対面インタビューと電話インタビュー

インタビュー法では、調査者とユーザ調査参加者とが同じ時間を共有して、質問と回答とを繰り返していくので、同期、つまり同じ時間を共有している必要がある。そこで、通常は、調査者とユーザ調査参加者とが対面してインタビューを行うことになる。インタビューの場所については、両者が合意して決めれば良い。

一方で、対面していなくても、電話を使ってインタビューを行うことも可能である。最近では、web 会議システムを利用した遠隔インタビューも容易に実現できるようになってきている。いずれにしても、事前に、インタビューの日時と遠隔インタビューのための手段を決めておく必要がある。

2.2. インタビューに参加する人数による分類

個人インタビューとグループインタビューという形式がある。

個人インタビューとは文字通り、ユーザ調査参加者１名に対して行うインタビューである。調査者も通常は１名であるが、研究目的やインタビューの実務内容によっては、複数の調査者が１人のユーザ調査参加者に対して行うこともあり得る。

グループインタビューは、複数のユーザ調査参加者に対するインタビューである。ユーザ調査参加者が何人であればグループインタビューと言えるのか、厳密な定義はない。そもそも、何人集まればグループと言えるのか？　というのも単純な問題ではない。筆者は、小集団ができる人数ということで、厳密には４人以上と捉えているが、３人の場合でも妥協可能とは思っている。もっとも、インタビュー自体を再考してみると、最低でも、調査者とユーザ調査参加者と２人の人間が関わっているので、その意味でも、個人インタビューという言い方自体がおかしいという議論も成り立つであろう。

グループインタビューでは、ユーザ調査参加者の人数が多くなるほどに、各ユーザ調査参加者の回答時間が短くなってしまうことは容易に想像できるであろう。また、ファシリテーターと言われるが、調査者とは別に、グループでのインタビューの進行を促進するような機能を果たすユーザ調査協力者が必要になることも多い。

グループインタビューでは、社会心理学的な問題についても配慮が必要となる。すなわち、集団力学と呼ばれる現象であり、社会的促進や社会的手抜き、極端な意見に傾く集団思考ということである。社会的促進には、研究者に及ぼす影響もあることは指摘しておくべきであろう。つまり、参加者が多くなるほどに、研究者が思いもしなかったことを参加者が回答する可能性が高まり、研究が深まったり広がったりする可能性も高まるということである。なお、先に触れたように、個人インタビューとは言っても、最低でも、調査者とユーザ調査参加者と２人の人間が関わっているので、その２人の間の社会心理学的な力学が働くことは否定することはできないであろうことも指摘しておきたい。

2.3. インタビューの構造化のレベルによる分類

インタビューでの進行（質問や回答）の仕方については、構造化のレベルの違いによって、構造化インタビュー、半構造化インタビュー、非構造化インタビューに分類することができる。

構造化インタビュー

構造化インタビューとは文字通り、インタビューにおける質問の内容や回答の仕方が決まっているものである。第６章の質問紙法で説明された方法を、インタビューという形式で実行したものと捉えることができる。ただし、ユーザ調査参加者に自由に回答することを求める質問については、口頭で回答されるので、文法的におかしな発話があることは想定しておくべきであろう。その際に、回答者であるユーザ調査参加者に、その発話の意味内容を確認すると、厳密には、次の半構造化インタビューということになる。

半構造化インタビュー

半構造化インタビューとは、インタビューにおける質問内容や回答の仕方が決まっているものであるが、ユーザ調査参加者の回答によって、質問内容を深めたり変えたりということを行って、インタビューの目的を実行しようとするものである。ユーザ調査参加者の回答を事前に予測することは不可能に近いので、研究者（ないし調査者）には、その場その場で適切な質問を重ねることができるような能力が求められる。研究者（ないし調査者）が、インタビューの目的から外れてしまうが、ついでに質問してしまおうすると、次の非構造化インタビューになってしまう。

非構造化インタビュー

非構造化インタビューとは文字通り、インタビューにおける質問の内容や回答の仕方を事前には決めずに行うもので、日常生活における会話と区別がつかないものであると言える。インタビューの場を設定して、研究者（ないし調査者）とユーザ調査参加者とが対面するので、インタビューでの話題や目的をユーザ調査参加者に知らせないことは考えにくいので、インタビューの話題や目的について、ユーザ調査参加者に自由に話すことを求める、というようにしてインタビューを開始して、その後は、研究者（ないし調査者）の力量に応じて、インタビューを続けていく、ということになる。

3. 特徴あるインタビュー法

前節では、いくつかの観点から、インタビュー法の分類について紹介した。本節では、このような分類とは別に、特徴のあるインタビュー法として２つの方法を紹介したい。

3.1. フォーカスグループ・インタビュー

まず、フォーカスグループ・インタビューについて簡単に紹介しよう。フォーカスグループ・インタビューは、前記で説明した分類では、グループ・インタビューに分類される。フォーカスグループ・インタビューは、主に、マーケティング分野で利用されてきた方法であるが、ユーザ調査においてもよく利用されている。

フォーカスグループでは、研究目的に関連したユーザ調査参加者に参加することを求める。たとえば、高齢者向けの情報通信機器の使いやすさを評価することを目的としているのであれば、高齢者であるユーザ調査参加者に参加することを求めることになる。参加する人数は４人から最大でも 15 人程度、多くの場合は８人程度が良いとされる。通常は、日時と場所とを指定して、参加者に集まってもらうことになる。また、フォーカスグループ・インタビューでは、日時を変えて複数回実施して、参加者の属性が偏らないようにする。たとえば、同じ高齢者と言っても、会社員であれば平日の参加は難しいので、休日にも調査を実施するということである。

こうして、フォーカスグループでは、研究目的に応じた参加者から回答を得ることができるので、実社会を反映したデータを収集しやすいと言える。また、その場で、何らかの結果を得ることもしやすいと言える。一方で、問題意識の高い参加者が参加する可能性も高く、研究者（ないし調査者やユーザ調査協力者であるファシリテーター）がインタビューの進行自体を制御できなくなる可能性が高まってしまうこともある。

3.2. クリティカル・インシデント法

続いて、クリティカル・インシデント法について簡単に紹介しよう。クリティカル・インシデント法は、第14章で扱う「エラー分析・事故分析」においても採用されてきた方法である。すなわち、放っておくと「アクシデント（事故）」になってしまう「インシデント（事象）」の中でも「クリティカル」つまり「事故に進展するかしないかの分かれ際の」「事象」を詳細に収集するための方法である。

もともとは、アメリカ空軍のパイロットの訓練における成功と失敗とに導く要因を明らかにするために、航空心理学の開拓者といわれるフラナガン（J. C. Flanagan）によって開発された手法であるが、その後、さまざまな領域の研究や開発のために活用されてきた歴史がある。航空機以外にも、鉄道などの交通、医療、原子力施設、マーケット調査といった現場で活用されてきた。

クリティカル・インシデント法では、ユーザ調査参加者の経験について、一つの物語として話すことを回答者に求めるというのが典型的な方法である。そして、当該のインシデントについて詳細を記述し、そのインシデントに関わった人々が直面した問題 issues を同定し、その問題を解決するやり方を見出し、その解決が根本原因を解決するであろうことを評価する、というように進めていくことになる。以上から、クリティカル・インシデント法は、第12章で扱う「事例研究」や「参加観察」での方法として位置づけることもできるだろう。

章末に、三輪・青木（2016）による「クリティカル・インシデント法の半構造化インタビューガイド」を紹介しているので、クリティカル・インシデント法の具体的な進め方について参考になるだろう。

4. インタビュー法の内容と進め方

インタビュー法は質問法の一つであり、その進め方については、第６章で述べた質問紙の作成と調査の実施を参照されたい。つまり、まずは、ユーザ調査の研究目的を定め、その研究目的に照らして、インタビュー法が適切な方法であると判断したならば、やはりその研究目的に照らして、インタビュー法の内容や進め方を決めていくことになる。特に、構造化インタビューは、研究目的が予測や制御であり、つまりは何らかの研究仮説を検証するために実施することになるだろう、ということである。非構造化インタビューや半構造化インタビューは、むしろ、研究目的が記述である場合が多いであろう。特に、非構造化インタビューでは、記述以前の、問題意識の発掘やせいぜいが仮説生成のためのごく初期の探索型の研究で採用されることになるだろう、ということである。

ここでは、質問紙法との違いについて記しておきたい。つまり、インタビュー法は、ユーザ調査参加者と調査者（ないし研究者）とが同じ時間を共有し、多くの場合はさらに対面して実施するので、そのことへの対応が必要である、ということである。質問紙法でも集合調査の場合には、ユーザ調査参加者に特定の場所に集まってもらうという意味では、同じであるが、ユーザ調査参加者はあくまでも一人一人が調査に参加するという立場を取っているので、以下で述べることはあまり問題にはならないと言えるだろう。

インタビュー法では、ユーザ調査参加者と調査者（ないし研究者）とは対面して実施するわけであるが、その具体的な場面はどのように設定することができるだろうか。インタビューを実施する部屋、部屋の中の机や椅子の仕様、配置の仕方、必要に応じて、衝立を用意して顔が見えないようにする、などなどを、研究目的に合わせて、観察の妥当性と信頼性とに注意して、具体的に決めていく必要がある、ということである。さらに、インタビューの記録のために録音や録画のための機器を利用する場合には、その設置の仕方を決めておく必要もある。

そして、質問紙法での集合調査の場合と同じであるが、ユーザ調査参加者がインタビューを行う部屋に入室してから、挨拶をして、椅子に座ることを促し、インタビュー調査の目的を説明し、インタビューへの回答の仕方も説明し、実際にインタビュー調査を行い、調査が終わったら挨拶をして、ユーザ調査参加者に退室してもらう、といった一連の進め方について、きちんと決めておき、インタビューガイドとして手元に印刷して用意しておくと良い。

これら進め方については、特に、観察の妥当性と信頼性とに注意して決めていく必要があることは繰り返して指摘しておきたい。対面の場面であるので、社会心理学的な作用も働きやすく、さらに、第4章で述べた「実験者効果（実験者の無意図的期待効果）」を始めとして、さまざまな「観察における問題」として指摘したことが起こる可能性が高いからである。

章末に、三輪・青木（2016）による「クリティィカル・インシデント法の半構造化インタビューガイド」を紹介しているが、インタビューガイドとしても参考なるだろう。

学習課題

この章で紹介されているインタビュー法の一つを選んで、ユーザ調査を行う手順を考えてみよ。

クリティカル・インシデント法の半構造化インタビューガイド

他領域の研究者との電子メールのやりとりに関する事例調査にご協力くださり、ありがとうございます。この調査は、うまくいかなかった他領域の研究者との電子メールのやり取りの事例を収集・分析し、電子メールを使った異領域間のコミュニケーションを円滑に進め、学際的な研究を促進するための方策の検討を目的に実施しています。

60分程度のインタビューを通じて、他領域の研究者との電子メールによるやりとりがうまくいかなかった最近のご経験についてお聞きします。インタビューを録音し、後ほど書き起こしますが、内容を読むのは研究プロジェクトメンバーのみです。調査の結果は全体として、学会等で発表する予定ですが、あなたのお名前やあなた個人を識別できるような情報を公表することはありません。

このインタビューでは、あなたが最近経験した他領域の研究者との電子メールによるやり取りがうまくいかなかった事例について、順を追って質問します。質問へのあなたの回答を通して私たちが知りたいのは、その電子メールのやり取りにおいて、あなたが実際に何をしたか、何を考えたか、どう感じたかといった点です。あなたの一般的な行動や、こうすべきだったということを知りたいわけではありません。

では、録音を開始します。

0.0　研究概要を説明し、インタビュー調査協力の同意書にサインを頂く。

1.0　あなたのご専門は何ですか？

1.1　あなたが最近取り組んでいる研究は、どんなものですか？

1.2　その研究では、あなたはこれまでどんな役割を担い、どんな活動をされてきましたか？

1.3　このプロジェクトのテーマである、「他領域の研究者との電子メールのやり取り」について、どのようにお考えですか？

2.0　最近、異分野の研究者と電子メールを交換された経験はありますか？
2.1　何時ごろどんなきっかけや目的で対話をされたのですか？
2.2　その電子メールの交換の中で、話がうまく通じなかったという経験をされましたか？
2.3　では、その電子メールの交換のプロセスで、それが始まる前の状況、うまく通じなかった電子メールのやり取り、電子メールのやり取りを円滑に進めるための努力や工夫、その結果を含めて、あなたがしたこと、考えたこと、感じたことを、あなた自身の物語として順を追って話してください。
2.4　他領域の研究者との電子メールによるやり取りがうまくいかなかった経験について、誰かに相談したり、その経験を誰かと共有したことはありますか？
（他の事例についても、2.0から2.4を繰り返す）他領域の研究者とのメールのやり取りついて、自由に意見を述べてください。
3.0　最後に、あなたご自身についてお尋ねします。
3.1　あなたの最終学歴とこれまでの研究者としてのご経歴を教えてください。
3.2　差し支えなければ、年齢を教えてください。

以上でインタビューは終わりです。ご協力ありがとうございました。後ほど、インタビューの録音を書き起こして、他のメンバーのインタビューと合わせて分析します。その際に、インタビューで聞き漏らしたことがあれば再度質問させていただくことは可能ですか？　その場合のご連絡先を教えてください。

出典：三輪・青木（2016）

引用文献

三輪眞木子・青木久美子（2016）「ユーザの心理を知る３：インタビュー法」，黒須正明・高橋秀明（編）『ユーザ調査法』放送大学教育振興会，Pp.88-103.

参考文献

放送大学の関連科目は以下である。

北川由紀彦・山口恵子「社会調査の基礎（'19）」
三浦麻子「心理学研究法（'20）」

初学者は上から参考にすると良い。

保坂亨・大野木裕明・中沢潤（編）（2000）『心理学マニュアル　面接法』北大路書房
鈴木淳子（2005）『調査的面接の技法　第２版』ナカニシヤ出版

8　ユーザの認知を知る１：言語プロトコル法・視線分析法

《目標＆ポイント》（１）情報機器のユーザ調査にあたり、課題分析を行う必要性を理解する。（２）ユーザ調査において、課題解決の結果と過程とについてそれぞれデータを収集できることを理解する。（３）課題解決の過程に関するデータ収集法として、言語プロトコル法と視線分析法とについて理解する。

《キーワード》 課題分析、結果と過程（認知プロセス）、言語プロトコル法、視線分析法

---

1. 課題解決と課題分析

1.1. 課題解決としての情報通信機器の利用

ユーザが情報通信機器やサービスを利用するとは、何らかの課題が与えられ（設定される、自ら気づく場合も含む）てから、実際に情報通信機器を操作し、何らかの結果を得る、通常は課題を解決するまでをいう。そこで、情報通信機器の利用とは、課題解決として捉えることができる。

課題解決には、過程と結果という側面がある。課題解決の過程とは、課題が与えられてから課題が解決される（あるいは課題解決を終える）までの道筋のことである。課題解決の結果とは、課題解決の最後に、課題が解決されたのか（正解に達したのか）、解決までにどれくらいのコ

ストや時間がかかったのか、ということである。

情報通信機器の使いやすさを調べる際には、課題解決の結果について調べるばかりでなく、その過程について調べることも必要になる。なぜなら、課題解決の過程が積み重なって、結果が得られるからである。課題解決の過程で行われた一つひとつの事物が因果の連鎖となって、結果が導かれるからである。

結果が良くても過程が悪い、過程が良いのに結果が悪い、ということもある。いずれにしても、過程を詳細に調べる必要があることには変わりない。

課題解決の過程と結果とを考える際には、問題解決の心理学においてエリクソンとオルバー（Ericsson & Olver）（1988）がまとめている観察のタイプの議論が参考になる。図８-１は、各種のデータの位置づけを示している。

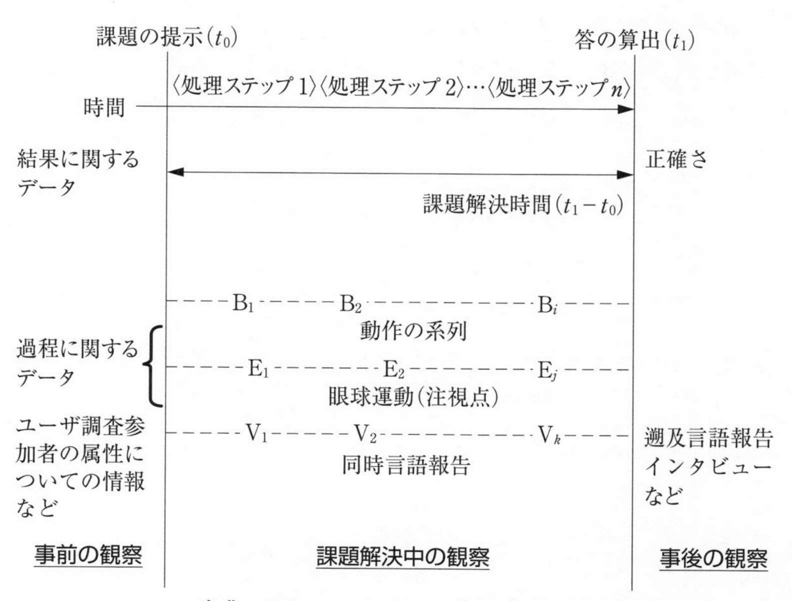

出典：Ericsson & Olver（1988）p.403 Figure 14.1 より翻案

図８-１　課題解決に関する観察のタイプ

まず、横軸は、課題が与えられてから何らかの答えが出されるまでを示している。そして、その間に調査できることばかりでなく、課題が与えられる前、および答えが出された後のそれぞれでわかっていること（あるいは調査できること）も示されている。

一番上の行にある〈処理ステップ〉とは、課題分析の結果得られたものであり、課題解決にあたり、どのような処理を行う必要があるかを模式的に示している。そこで、課題分析について最初に説明する。

1.2. 課題分析

課題分析とは、当該の課題の構造や機能を分析することをいう。図８−１の例では、情報通信機器の利用において、設計上の操作手順を分析しておくことをいい、いわば理想的な（論理的な）ユーザが踏むであろう課題解決の過程を想定することをいう。この課題分析の結果と、実際のユーザ調査の結果とを比較して、ユーザを知る、あるいは、情報通信機器の使いやすさを評価することができるわけである。

課題分析の方法および表現形式は、課題の領域や分析の目的に応じてさまざまある。ここでは、ユニークであるが基本的で汎用性の高い方法

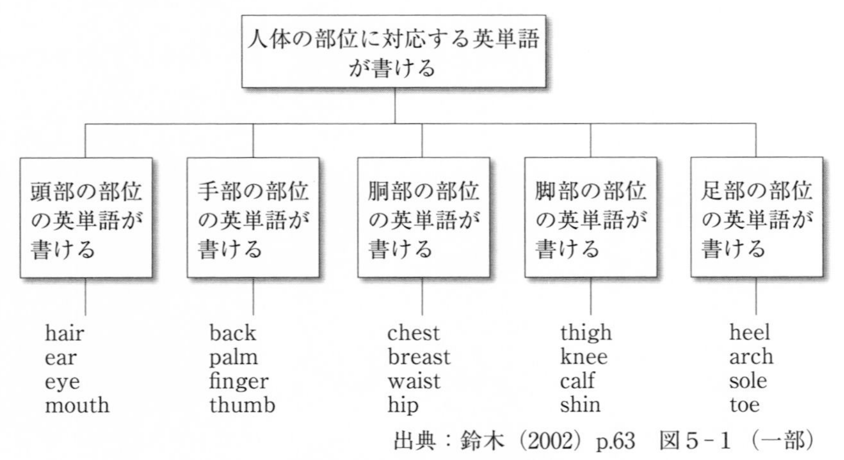

出典：鈴木（2002）p.63　図５−１（一部）

図８−２　クラスター分析

という意味で、インストラクショナル・デザインの領域で用いられている課題分析の方法を紹介しよう。

鈴木（2002）は、インストラクショナル・デザインの過程で教材構造の分析において使用される課題分析の方法を３種紹介している。

1）クラスター分析：主に言語情報からなる教材の分析に用いられる。クラスターつまり塊に分ける、という方法である。図８−２は、人体の部位に関する英単語を覚える場合に、たとえば頭部に関する英単語を覚える、胸部に関する英単語を覚える、というように、教材を塊に分割していくという例を示している。情報通信機器の開発においても、たとえば、Web による情報システムを設計する場合、ページがどのような構造になっているかを示すために使うことができる。トッ

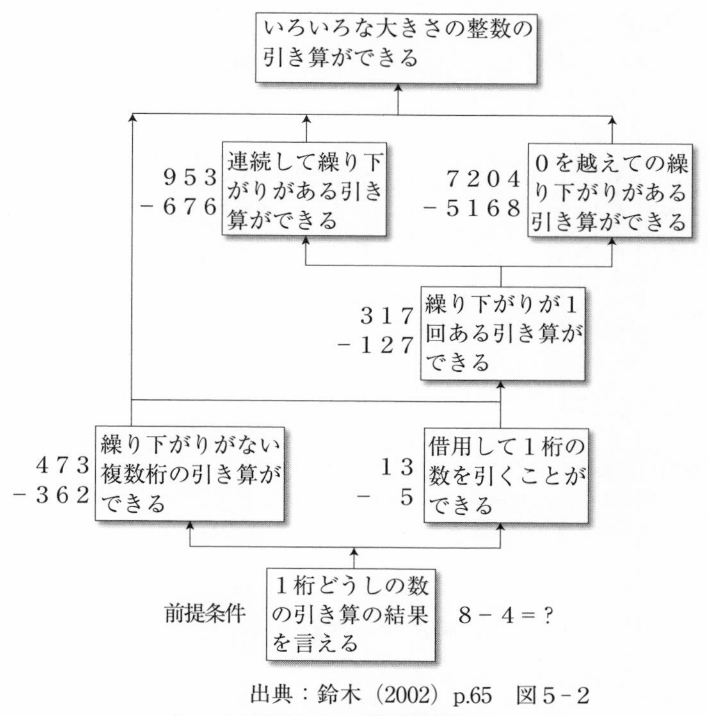

出典：鈴木（2002）p.65　図５−２

図８−３　階層分析

プページから階層的な構造になっていれば木構造として示すことができるが、ページ間でのリンクを想定している場合にはネットワーク構造として示すことになるだろう。

2）階層分析：主に知的技能の教材分析に用いられる。知的な技能を達成するために、必要な下位目標に分けていく、前提条件となる技能に分けていく、という方法である。図８－３には、引き算を例に示したが、下の目標が上の目標のための前提条件となっている。

3）手順分析：主に運動技能の教材分析に用いられる。運動技能を、まず何をして次に何をするかというように一つずつ列挙していく方法である。図８－４には、ゴルフのパットを打つ例を示している。この例にあるように、運動技能ではあっても、それぞれのステップに言語情報や知的技能が下位目標として必要であることがわかる。情報通信機器の場合には、フローチャートで操作の順番を示したり、途中での判断による枝分かれを示したりすることが可能である。

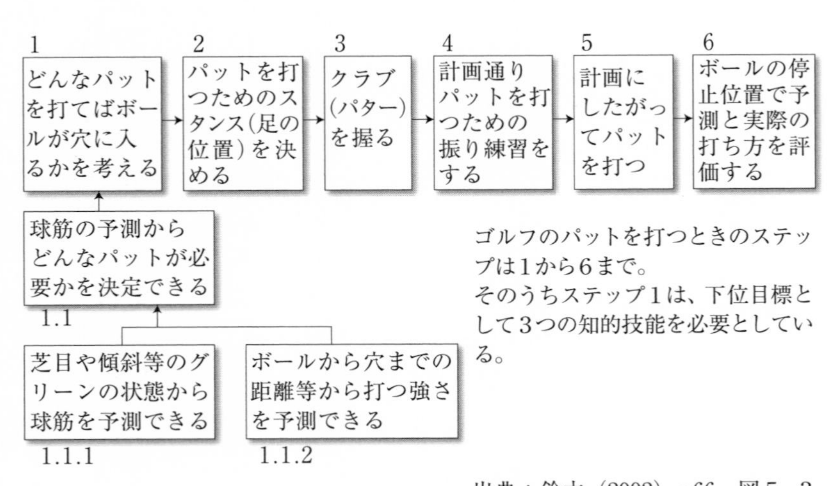

出典：鈴木（2002）p.66　図５－３

図８－４　手順分析

1.3. 課題解決の結果

さて、再度図８-１に戻る。課題解決の結果についてのデータについて説明する。結果のデータとは、課題解決の正確さと速さということである。

まず課題解決の遂行自体が正解か否か、ということである。これは、ユーザ調査参加者による課題解決の結果を見て、判断することができる。採点することも同じである。あるいは、作業量として数値化することも可能である。

次に、課題解決時間である。通常は、課題開始と課題終了の時間を計測し、その差を求めることで得られる。時間の単位は、ユーザ調査の対象や目的に応じて柔軟に設定することができる。

その他の結果については、たとえば、操作数や、操作に必要なコスト数を集計することで得られる。

以上の結果に関するデータは、主に、実験法において活用されている（第９章参照のこと）。

1.4. 課題解決の過程

図８-１には、課題解決の過程についてのデータとして、以下の３つが挙げられているので簡単に説明する。これらのデータから、課題解決の最中に、ユーザ調査参加者が何を考えているかを推測することになる。

（１）同時言語報告

節をあらためて説明するが、言語プロトコル法の対象となるデータである。課題解決の最中に、つまり課題解決と「同時」に、課題解決について考えていることを話すことをユーザ調査参加者に求め、話されたことをデータと見なすわけである。

（2）眼球運動（注視点）

これも節をあらためて説明するが、視線分析法の対象となるデータである。課題解決中のユーザ調査参加者の眼球運動を計測し、注視点の移動を特定し、課題解決中に何をどのように見ていたか分析するというものである。

（3）動作の系列

動作の系列としては、操作ログと行動変化と2つの側面がある。まず操作ログについて、情報通信機器を利用する際には、キーボードやマウスでの操作、ボタンやスイッチの操作、タッチパネルでの操作などを必然的に行うことになる。これらの操作をユーザ調査参加者が実際に行った順番と時間とをデータとして扱うということである（詳しくは、第10章参照のこと）。

次に行動変化とは、課題解決中のユーザ調査参加者のさまざまな行動の変化のことである。たとえば、場所の移動（位置の変化）、姿勢の変化、表情の変化などがある。詳しくは、第14章の多面的観察で扱う。

1.5. 課題解決に関するその他のデータ

図8-1には、その他のデータについても記載されているので説明する。

〔課題解決前〕

- ユーザ調査参加者の個人属性：主に第3章で説明したようにユーザ調査参加者には個人差があるので、ユーザ調査参加者の個人属性はユーザ調査において基本情報となる。年齢、性別、学歴、職業歴といった個人属性は、ユーザ調査において得られたデータを解釈する際にも有用である。
- 事前質問：上のユーザ調査参加者の個人属性のほかに、たとえばコンピュータ使用歴、コンピュータに対する態度など、ユーザ調査の目的に応じて、収集する必要のあるデータをユーザ調査参加者に質問しておく、ということである。課題解決を実際に行った後では、ユーザ調査参加者が自分の課題遂行の結果をわかっているので、これらの質問に素直に答えないということもあり得るので注意が必要であろう。

〔課題解決後〕

- 遡及言語報告：ユーザ調査参加者に対して、課題解決後に、課題解決のときに考えていたことを思い出して話すことを求める、という方法である。後述するように、課題解決の結果をユーザ調査参加者がわかっているので、遡及言語報告にはさまざまな解釈が入り込んでしまい、妥当性に欠ける言語報告になりやすいと言える。そこで、課題解決時の様子をビデオカメラで収録し、その動画像を再生しながら言語報告を求めるという「プレイバック」という方法を取ることも多い。
- 事後質問：課題解決に関連して、課題解決の後で調査協力者に聞いておき、確認する方法である。課題解決の仕方や採用した方略、難しかったこと、使いにくかったこと、わかりにくかったこと、課題解決しての感想など、確認しておくべきことは多数あるであろう。

これらのデータについて、書き言葉で回答することを求める場合には、第６章の質問紙法が、話し言葉で回答することを求める場合には、第７章のインタビュー法が、さらに、話された内容でも書かれた内容でも内容自体を分析する際には、第 11 章の談話分析が、それぞれ関連しているので参照されたい。

2. 言語プロトコル法

2.1. 方法の概略

言語プロトコル法は、ユーザ調査参加者に対して、課題解決に関して考えていることを話すことを求め、話された内容を分析することで、ユーザ調査参加者の考えている過程を推測する方法である。考えていることを話すタイミングを課題解決と同時に求める場合の同時言語報告(発話思考法ともいう）と、課題解決が終わってから求める場合の遡及言語報告とを区別する。この方法には、課題解決は言語を媒介にしているので、それを話してもらえば、課題解決の過程を調査することができるという前提となる考え方がある。

2.2. 内観法の歴史

心理学の歴史をひもとくと「内観法」がある。第４章で述べたように、増田（1934）は、心理学における観察を分類し、主観的観察と客観的観察とに分けている。この内主観的観察が内観のことであり、自分で自分の心の中を観察することをいう。さらに増田は、自然的観察と実験的観察という分類軸も設け、心理学における観察を４つに分類している。すなわち、ただの内観、ただの客観的観察、実験的内観、客観的実験の４つである。

海保・原田（1993）および吉村（1998）によれば、ティッチナーはただの内観を、ヴントは実験的内観をそれぞれ採用していた。内観法に対しては、以下のような批判がある。

- 内観は、ある特定の個人に関係するので、科学の方法である公共の客観性に反する。
- 内観はある特定の個人の心的世界を明らかにするが、他人のそれに関しては情報を与えないので、内観に基づいた分析の一般性は疑わしい。

- 内観報告がその主体の心的事象を正確に示しているか否か明白でなく、内観は、その個人の信念、興味、能力に影響を受けるので、妥当性に疑いがもたれる。
- 内観報告をチェックするための独立した方法がなく、内観報告は他人によってばかりでなく、本人自身によっても再現されないので、信頼性が疑わしい。
- 報告プロセスは内観自体が明らかにするべき心的事象と相互作用し干渉する。
- 言語の内在的な構造によって、言語は報告に制限を加えバイアスを加える。

2.3. 言語報告のモデル

現在の認知心理学において、言語プロトコル法は、エリクソンとサイモン（Ericsson & Simon）（1980）に由来するので、彼らの考え方を紹介する。

まず、かれらは、言語プロトコル産出のメカニズムを、典型的な情報処理モデルに依拠して構築している。つまり、人間の情報処理には、容量とアクセスの特徴に違いのある２つの記憶が関与すると仮定する。すなわち、容量が小さく保持時間の短い短期記憶と、容量が大きくほぼ永久に貯蔵されてはいるがアクセスに時間がかかる長期記憶とである。言語報告はこれらの記憶内の情報に基づいていると仮定する。

そして、同時言語報告は課題解決時に言語報告をユーザ調査参加者に求めるが、ユーザ調査参加者は注意している情報を直接言語コードに変換して報告するので、課題解決過程を変容することはない。一方で、遡及言語報告は課題終了後にユーザ調査参加者に課題解決時の思考内容を報告することを求めるので、言語報告のためには長期記憶からの検索において誤りやすいとしている。また、ユーザ調査参加者に、情報に関して推論することを求めたり、一般的な反応を求めたりすることは、言語化の前にさまざまな媒介過程や推論過程が介在するので、課題解決の過程を直接反映するとは考えられないとしている。

なお、エリクソンとサイモンは、その後、言語プロトコル法についての書籍を刊行している（Ericsson & Simon 1984、第2版もある）。

2.4. 同時言語報告の方法

ここでは、海保・原田（1993）からポイントを絞って説明する。

- ラポール：第15章で説明するように、ユーザ調査一般にあてはまる注意点である。「考えていることを話しながら課題解決する」というのは、多くのユーザ調査参加者にとって異常なことであるので、まずは、リラックスした状態になるように配慮しなければならない。その上で、適度に課題解決に集中してもらえるようにする。
- 教示：単に「考えていることを話しながら」と教示しても、ユーザ調査参加者はその教示を理解できない場合が多い。そこで、たとえば、「頭の中の様子を実況中継してください」というように教示を変えると、ユーザ調査参加者が理解しやすくなり、発話が出やすくなる。一方で、「理由を述べたり、解説したり、わかりやすく言い直したりする」というような教示は、避けなければならない。また、独り言を話すことを主にする。開発中の情報通信機器がうまく動作しないのをきっかけにして、ユーザ調査参加者が調査者（ないし研究者）に会話しようとするが、できるだけ避けるべきである。
- 練習：「考えていることを話す」というのは、短時間の訓練で獲得できる技能と言える。そこで、本番とは関係のない課題で、その練習をして、ユーザ調査参加者ができるようになることを確認してから本番に進むべきである。

- データ記録：ユーザ調査参加者の言語報告は、録音機器を利用して記録する。ユーザ調査参加者が実際にどのように課題解決したか（情報通信機器を操作したか）を同時に同期して記録するので、通常はビデオカメラなどで映像も一緒に記録することになる。また情報通信機器の操作記録（ログ記録など）とも同期して記録しておくことも忘れてはならない。記録ミスを防ぐために、発話用に音声のみ別に録音しておくことも重要である。最近では、録画録音ともにデジタルファイルとして保存できるので、その後の書き起こしや分析も効率的に進めることができるようになってきた。
- 書き起こし：書き起こしの基準、つまり、何をどこまで書き起こすかということは厳密には難しい問題である。ユーザ調査の目的に応じて最適な基準で書き起こしをするべきであるとしかいえない。一般的には、書き起こしは、原音通りにするべきである。「あの」「それで」といったような間投詞と思われる発話も忠実に書き起こしておくと、課題解決における停滞や単位分けがしやすくなることが多い。なお、書き起こしが必要な理由は、１）録画録音しただけでは、データの一覧性がないので、データ分析を行うことが難しい、２）書き起こしを実際に行うことによって、データ自体の理解も深まる、ということである。

書き起こしを効率的にするために、昔はトランスクライバーといって、足スイッチで再生速度や繰り返し再生が可能であった。最近は、デジタルファイルを扱うために、スローで再生したり、繰り返し再生したりといったことが容易にできる。また、音声認識ソフトウエアを用いた音声の自動書き起こしも研究開発が進んでいる。

なお、聞き取りが不可能なところは、たとえばビデオ撮影動画を見て確認することができる場合もあるが、どうしても聞き取れない場合には、そのように明記して書き起こしをしなければならない。

• データ分析：ユーザ調査の目的が仮説検証であれば、その仮説に関連した特定の操作に関する言語報告のみを分析することが可能である。一方で仮説生成を目的としたユーザ調査の場合には、言語報告の内容から課題解決のパターンを見つけ出していく作業が中心となる。言語報告の質的分析である。通常は、課題分析での課題解決とユーザ調査参加者の課題解決の実際とを、言語報告データやその他のデータ（ログ記録や行動観察記録）と比較しながら、分析をすすめていくことになる。

3. 視線分析法

3.1. 方法の概略

視線分析法は、ユーザ調査参加者に対して、眼球運動測定器を装着して、課題解決することを求め、計測された眼球運動データを分析することで、ユーザ調査参加者の考えている過程を推測する方法である。眼球運動データから注視点を抽出して視線移動を分析することも行われる。この方法には、課題解決時に視線を向けていることに注意し、何らかの処理をしているので、眼球運動を測定すれば、課題解決の過程を調査することができるという前提となる考え方がある。ユーザ調査の目的としては、仮説検証も仮説生成もどちらでも使うことのできる方法である。

さて、次節に進む前に、眼球運動測定法に関わる用語の整理をしておく。眼球運動測定は、苧阪・中溝・古賀（1993）によれば、19 世紀から行われており、実験心理学のさまざまな領域において利用されてきた。古賀（1998）によれば、眼球運動は、機械的、光学的、電気的あるいは電子的手段を使用した測定装置が考案されてきた。そこで、「眼球運動測定」という用語は、このようなさまざまな手段を用いた装置による測定という総体的な意味を持つ。眼球運動測定器を「アイカメラ」と称することも多いが、これは、光学的な装置であるカメラを眼球に対して向けることから名付けられたものである。また、眼球運動測定を「アイトラッキング」と称することも多いが、これは目の動きを追跡するという意味である。本節は「視線分析法」としているが、先に述べたように、眼球運動データから注視点を抽出して視線移動を分析することが、ユーザ調査において最も代表的な方法であるからである。

3.2. 眼球運動測定の基本

ここでは、主に大野（2002）によって、眼球運動に関わる基本的な概念や考え方をまとめておく。眼球運動は生理的な現象である。眼球運動は厳密にはいくつかあるが、衝動性眼球運動とそれ以外とを区別することが実用的である。衝動性眼球運動とは、ものを見ようとして注視点を急激に変える際の運動のことであり、いわゆるサッケード（saccade）として知られている。この運動中は外界をほとんど知覚することはできないと言われており、人間が知覚するのは、サッケードとサッケードとの間に成立すると言える。

大野（2002）によれば、眼球運動の測定法の中で代表的なものは角膜反射法である。眼球に近赤外線の点光源を照射し、角膜表面における反射光をカメラで撮影し、瞳孔中心も利用して視線を算出する方法である。こうして得られた視線データについて客観的な分析方法は厳密にはない。通常は、視線は１回のサッケードから次のサッケードまでの間１か所に停留するので、その停留位置（停留点）を用いる。停留点以外に、停留頻度、瞬きの頻度と間隔、サッケードの距離と頻度、瞳孔径といったデータも用いられることが多い。

3.3. 眼球運動測定の方法

ここでは、眼球運動測定の方法を、特に測定器を限定しないで説明する。

- 眼球運動測定器の設定

測定器はユーザ調査参加者の頭部に装着する接触型と、ユーザ調査参加者の前方に設置する非接触型とに大別される。いずれにしても、まずは、測定器を設定する。

- 個人ごとのキャリブレーション

次に、瞳孔中心線に相当する軸を算出し、キャリブレーションと呼ばれるユーザ調査参加者個人ごとの補正によって、軸の補正を行い視線と見なす作業を行う。

- 測定

以上の作業を終えると、基本的に眼球運動を測定することが可能となる。測定されたデータは、通常は、測定器と一体になったコンピュータにデジタルデータとして保存されるか、視野画像のビデオ映像に同時に記録される。多くの眼球運動測定器では、視野画面の遷移、視野画面上での視線位置（xy 座標値）、瞳孔径を決められた時間分解能で記録される。また瞬きが記録される測定器もある。

- データ分析

先に述べたように厳密なデータ分析方法はないが、通常は以下のように行う。最もデータに忠実には、記録されたデータをそのまま使用することがある。通常は、ある一定面積内にある一定時間とどまっていると定義して、停留点を算出する。

仮説検証型のユーザ調査であれば、調査の仮説に基づいて、ある特定位置への停留点の数や時間を分析したり、停留点の移動を分析したりする。仮説生成型のユーザ調査であれば、停留点の移動パターンを特定する作業が中心となる。通常は、課題分析での課題解決と調査協力者の課題解決の実際とを、視線移動データやその他のデータ（ログ記録や行動観察記録）と比較しながら、分析をすすめていくことになる。

4. おわりに

本章では、情報通信機器やサービスの利用を課題解決の過程として捉え、まず、課題分析の方法について説明した。次に、課題解決の過程を調査する方法として、言語プロトコル法と視線分析法とを説明した。特に仮説生成を目的としたユーザ調査の場合には、言語プロトコル法でも視線分析法でも何らかのパターンを見つけ出していく作業を行うことになることを説明した。さらに、言語プロトコル法と視線分析法とを組み合わせて使用してユーザ調査を行うことも頻繁に行われている。これは、第 14 章の多面的観察で扱うことにする。

学習課題

8.1　日常生活でよく利用している情報通信機器や機器を取り上げて、言語プロトコル法によってユーザ調査をしてみよ。

8.2　放送授業で紹介されている言語プロトコル法・視線分析法の事例について、自分なりに分析をしてみよ。

引用文献

Ericsson, K. A. and Olver, W. L. (1988). Methodology for laboratory research on thinking : Task selection, collection of observations, and data analysis. In Sternberg, R. J. and Smith, E. E. (Eds.), *The psychology of human thought.* Cambridge, Massachusetts : Cambridge University Press. Pp. 392-428.

Ericsson, K. A. & Simon, H. A. (1980). Verbal reports as data. *Psychological Review,* 87 (3), 215-251.

Ericsson, K. A. & Simon, H. A. (1984). *Protocol analysis : Verbal reports as data.* Cambridge, Massachusetts : The MIT Press.

海保博之・原田悦子（編）(1993)『プロトコル分析入門　発話データから何を読むか』新曜社

古賀一男（1998)『眼球運動実験　ミニ・ハンドブック』労働科学研究所出版部

増田惟茂（1934)『心理学研究法—殊に数量的研究について—』岩波書店

大野健彦（2002)「視線から何がわかるか—視線測定に基づく高次認知処理の解明」,『認知科学』9(4), 565-576.

苧阪良二・中溝幸夫・古賀一男（編）(1993)『眼球運動の実験心理学』名古屋大学出版会

鈴木克明（2002)『教材設計マニュアル—独学を支援するために』北大路書房

吉村浩一（1998)『心のことば—心理学の言語・会話データ—』培風館

参考文献

言語プロトコル分析については、引用文献で挙げた、海保・原田（1993）と吉村（1998）とが参考になる。

視線分析法については、引用文献で挙げた、苧阪・中溝・古賀（1993）が参考になる。

9　ユーザの認知を知る２：実験法

《目標＆ポイント》（１）実験と実験計画法とは独立であることを理解する。（２）実験計画法の基本的な概念を理解し、具体的な実験を計画できるようになる。

《キーワード》 因果関係、仮説、統制、独立変数、従属変数、実験計画

1．実験とは

第４章で、科学的方法の基礎としての観察ということを説明し、観察の分類軸として、自然的観察と実験的観察、客観的観察と主観的観察という２つの軸について説明した。そして、実験的観察かつ客観的観察がいわゆる「実験」の典型であるが、実験的観察かつ主観的観察も「実験」であることも説明した。つまり研究対象に対して何らかの拘束をかけてその拘束という干渉のもとで研究対象を観察するわけであるが、その際に、研究者（ないし実験者）が第三者として他者つまりユーザ調査参加者を観察する客観的観察を行うばかりでなく、ユーザ調査参加者が自らを内観する主観的観察を行うことも、実験と見なすことができるわけである。

研究者が実験を行うのは何故であろうか？　それは、研究対象をより厳密に観察するためであり、そのためには自然的観察では不十分であるからである。実験的観察で何らかの拘束をかけるわけだが、基本的には

あらゆる事柄に対して拘束をかけることができる。ただし、ユーザ調査参加者の人権が守られている範囲内で拘束をかけることができるという制約がある（第15章で説明するが、研究倫理という問題である）。

あらゆる事柄に対して拘束をかけるとは、実験の手続きに関することに対して拘束をかけるということであり、研究者は自分が行う実験の手続きの詳細を決めておく必要があるということである。実験の手続きとは、実験の対象となるユーザ調査参加者についてのさまざまな属性を特定することから始まり、実験でユーザ調査参加者に課す実験課題や材料、実験を実施する場所や日時、実験での観察対象（実験で何を観察してデータとするかということ）、実験で用いられる観察のための機器の利用に至るまで、さまざまなことから成っている。こうして、研究者は、自分の研究目的に照らして、最も妥当な実験の手続きを決めて、ユーザ調査参加者に協力依頼をして、実験を実行することができるわけである。

それでは、研究目的とは何であろうか？　やはり第4章で説明した通り、研究対象の記述、予測、制御のどれかを行うため、ということである。実験手続きという拘束された状況の下で、研究対象の記述、予測、制御のいずれも行うことができる。ここで、研究対象を記述することを目的とする研究の場合であれば、実験手続きという拘束された状況下で、ユーザ調査参加者にどのような変化が見られるかを粛々と観察すれば良い。しかし、研究対象を予測したり制御したりすることを目的とする研究の場合には工夫がいる。何故なら、予測と制御とは、何らかの因果関係を前提にしているからである。因果関係とは、原因と結果との対応関係ということである。すなわち、実験手続きという拘束された状況が原因となり、ユーザ調査参加者が変化することが結果となるような対応関係ということである。この対応関係が成立するためには、原因と結果とでは原因が時間的に先行していること、特定の原因からしか当該の結果が見られないこと、他の原因から同じ結果が見られないこと、などなどが担保されていることが必要となり、そのことを、実際に実験を行ってみて、その実験結果で確認する（これを仮説検証という）こととなる。以上が、実験計画法と呼ばれる技術あるいは手続きの基本的な考え方であるので、節をあらためて、実験計画法 Experimental design について説明を続けよう。

2. 実験計画法の基礎

前記で、実験手続きの詳細を決めておくと書いたが、その意味は、その詳細の内容を変えてしまうと、ユーザ調査参加者の変化の仕方も変わってしまう、ということである。まさに、実験のデザインである。これは、実験が、実験手続きの詳細という変数と、ユーザ調査参加者の変化という変数とが、関数関係を結んでいると解釈することができる。こうして、実験計画法においては、実験手続きの詳細という原因となる変数を「独立変数」、ユーザ調査参加者の変化という結果となる変数を「従属変数」と呼び、関数 $y = f(x)$、つまり、従属変数 y は、独立変数 x に依存して変化する、というように考えることができるわけである。

ここで、研究者はその研究目的に従って、実験手続きの詳細の中で何を独立変数とするかを決める必要がある。研究目的によっては、複数の独立変数を設定することもある。また研究者はその研究目的に従って、ユーザ調査参加者の変化を何で測定するのか、つまり従属変数を何にするのかを決める必要がある。研究目的によっては、複数の従属変数を設定することもある。こうして、実験計画法とは、変数の管理を行い観測の方法を決めることと言える。

実験においては、従属変数という結果が、独立変数という原因の結果であるというのが有意味な情報である。しかし、従属変数という結果は経験的なデータであり、さまざまな理由から変動するために、そのデータから有意味な情報を取り出すためには工夫が必要となる。実験計画法においては、データの変動は、２つの種類の誤差によると考える。つまり、系統誤差と確率誤差とよばれる誤差であり、確率誤差が全くの偶然による誤差で、系統誤差が何らかの原因から系統的に起こってしまう誤差である。この何らかの原因として特定できる変数は剰余変数と呼ばれる。確率誤差は全くの偶然によって起こってしまうので、研究者が統制することは理論的に不可能である。一方で、系統誤差については、研究者はその経験や知識によってその原因を知ることができ、理論的には統制可能である。そこで、実験計画法とは、剰余変数の影響を統制し、より高い精度をもって有意味な情報を検出するための技術・手続きであると言える。

さて、やや抽象的な説明が続いたので、具体的な例で説明を続けよう。ここでは、Web デザインの使いやすさ評価を例にしよう。情報通信機器やサービスの中でも、Web デザインの使いやすさというのは代表的な問題の一つである。そこで、図９-１と図９-２とを見てほしい。これは、放送大学の Web ページの内、ホームページ（トップページ）であり、図９-１が 2011 年当時のもの、図９-２が 2015 年当時のものである。オリジナルはカラーであるので、イメージしにくいとは思うが、まずは、読者には、これらの２つの図を見比べて、どちらが「使いやすい」か考えてほしい。あるいは、インターネットを利用することのできる読者には、現在の（つまり、本書が出版されている 2020 年以降の）放送大学の Web ページを参照して、比較してみてほしい。

Web デザインの使いやすさ評価において、たとえば、図９-１に示されたような 2011 年当時の Web コンテンツを実験課題として用いて、

第８章で紹介した、言語プロトコル法や視線分析法を用いて実験することができる。これも研究者が人工的に設定した（拘束をかけた）場面であるので、立派に実験と言える。しかし、図９－１のWebコンテンツのみで実験を行ってしまうと、得られた結果を解釈することには限界がある。つまり、図９－２に示されたような2015年当時のWebコンテンツも実験課題として用いて実験を行い、2011年と2015年とのWebコンテンツでの実験課題での結果を比較することができれば、得られた結果を解釈することがやりやすくなると言えるわけである。

図９－１　放送大学ホームページ（2011年当時）

以上の例を実験計画法での用語を使って説明してみよう。まず、独立変数とは、Web コンテンツとなる。そして、2011 年の Web コンテンツと 2015 年の Web コンテンツという２つの実験条件から成っている実験要因ということになる。従属変数とは、実験課題で結果を得ようとするデータとなるが、たとえば、実験課題を遂行するために要した時間や実験課題を遂行することができたか否か（正解か否か）という課題解決の「結果」に関するデータでも、実験課題を遂行する際の言語プロトコルや視線移動などの「過程（プロセス）」に関するデータでも、さらには、たとえば、第 13 章で説明するが、課題解決中のさまざまな生理的状態を測定しデータとすることも、研究目的に応じて設定することが

図９-２　放送大学ホームページ（2015 年当時）

できる。

剰余変数とは、この例ではさまざまな要因を想定することができる。前記で、図9-1と図9-2とを比べてどちらが「使いやすい」か考えてほしいと書いたが、たとえば、Webページのレイアウトが異なること、Webページの内容自体が異なり、一方は人物写真がたくさん使われていることなど、すぐに見つけることができたであろう。さらに、Webページであるので、ユーザがクリックやスクロールなどの操作をしやすいのか、実験課題であれば必要な情報をすぐに検索できるのか、そもそもこのWebページをパソコンで見るのとスマホで見るのとでは異なる、などなどについても思いついたであろう。こうして、2011年と2015年とのWebコンテンツでの実験課題での結果を比較すると書いたが、これを比較するには、違いが大きすぎるために、厳密な比較は不可能であると考える読者もいたであろう。以上のことは、すべて剰余変数、つまり、実験結果に影響を及ぼすと想定することができると言えるわけである。

このように、ある実験を行う際には、その実験で設定した独立変数の影響と、その実験を行うことによって必然的に発生してしまう剰余変数の影響とが同時に生じてしまい、従属変数に対する、独立変数と剰余変数との影響を分離する（区別する）ことが困難になるわけであるが、これを「交絡」という。

先に、実験計画法とは、剰余変数の影響を統制し、より高い精度をもって有意味な情報を検出するための技術・手続きであると書いたのは、まさに、独立変数と剰余変数とが交絡することをいかに統制するか、ということだったわけである。

実は、第4章で「実験者効果（実験者の無意図的期待効果）」について説明したが、これも独立変数と剰余変数との交絡の例であったわけである。そこで、このような剰余変数の影響をどのように統制するかについて、節をあらためて説明を続けよう。

3. 剰余変数の統制

ここでは、剰余変数の影響を統制する方法として、恒常化、無作為化、ブロック化について簡単に説明しよう。前記で使った、Webデザインの使いやすさ評価の例を用いる。

3.1. 恒常化

Webコンテンツでの評価実験で、たとえば、実験室の明るさとか室温とか、あるいは実験を行う時間帯の問題を考えた読者も多いだろう。これらも立派に剰余変数と言える。暗い部屋とか暑すぎる部屋、夜更かししたので早朝の実験はつらい、などということである。そこで、たとえば、実験室の明るさや温度を一定にする、実験する時間帯を一定の時間に決めるということを行って、これらの剰余変数を統制することができる。このように、剰余変数の水準を一定にすることを恒常化という。しかし、すぐに気づくと思うが、どのような水準にすれば良いのか、基準が無いので、恒常化された水準でのみ実験結果はあてはまると解釈せざるをえないと言える。

ユーザ調査においても、たとえば、実験に課す課題が困難すぎるとか、逆にやさしすぎるために、条件間の違いが実験結果に反映されない、ということが起きるので注意が必要である。ちなみに、課題が困難すぎる場合は「床効果」、やさしすぎる場合は「天井効果」と言われる。

3.2. 無作為化

Webコンテンツでの評価実験で、たとえば、ユーザ調査参加者の個人属性の違いを考えた読者も多いだろう。たとえば、年齢とかスキルの違いによって、実験課題への熟知度が異なるだろう、ということである。そこで、たとえば、ユーザ調査参加者は、仮説で想定した母集団から、でたらめに（偶然にまかせて）決定するということを行って、ユーザ調査参加者の個人属性という剰余変数を統制することができる。このように、実験変数の各水準における剰余変数の水準をでたらめに決定することを無作為化という。そして、母集団からユーザ調査参加者を偶然にまかせて抽出してくることを、無作為抽出（ランダムサンプリング）という。しかし、すぐに気づくと思うが、そもそも剰余変数の影響が大きいのであれば、実験変数の効果を検出することが妨げられることになる。上記の例では、ユーザ調査参加者の個人属性を独立変数として、実験を計画するべきであるということである。

無作為抽出については、実務的な問題が大きいとも言える。研究の仮説でたとえば「人間一般に当てはまる」ような仮説を立てた場合には、人間一般から「無作為」にユーザ調査参加者を「抽出」する必要があるが、本当に実現可能であろうか？　そこで、厳密には、ランダム化比較実験という手続きを経ていないような実験は、「準実験」と見なして、得られた実験結果の証拠力は低いと言われる。いずれにしても、研究者が自分の研究の仮説を設定するので、研究者の判断次第ということである。

3.3. ブロック化

Web コンテンツでの評価実験で、たとえば、2011 年の Web コンテンツと 2015 年の Web コンテンツとは、同じユーザ調査参加者に対して実験を行うべきと考えた読者も多いだろう。上で説明したユーザ調査参加者の個人属性という剰余変数の値は、同じユーザ調査者であれば等しいので、２つのコンテンツの評価実験の結果を評価することも妥当になるだろうということである。このように、実験の単位（通常はユーザ調査参加者）を剰余変数の値が等しいいくつかのブロックに分け、各ブロック内で実験変数の各水準のデータを得ることを、ブロック化という。しかし、すぐに気づくと思うが、２つのコンテンツでの実験の順番によって、後から実験すると、実験への慣れや練習の効果が起きてしまい、２つの実験条件を厳密には比較できないというような、新たな剰余変数が生まれる可能性が高まるという問題も起きてしまう。

3.4. ユーザ調査参加者間変数とユーザ調査参加者内変数

このユーザ調査参加者によるブロック化については、ユーザ調査参加者間変数とユーザ調査参加者内変数の問題としてよく知られている。実験条件によって異なるユーザ調査参加者を割り当てる場合はユーザ調査参加者間変数、同じユーザ調査参加者を割り当てる場合はユーザ調査参加者内変数と言われる。そこで、先に述べたことの繰り返しになるが、ユーザ調査参加者内変数の方が、個人差による変動を排除できるので検定力の高い分析を行うことができると言える。また、ユーザ調査参加者内変数の方が、ユーザ調査参加者数は少なくて済むが、その負担は増加すると言える。やはり、先に述べたが、ユーザ調査参加者内変数の危険性ということで、類似した条件での実験を繰り返すことによる新たな剰余変数が生起するわけである。練習効果、疲労効果、条件間の対比効果、などと言われることである。

そこで、ユーザ調査参加者内変数による危険性を回避するために、相殺（カウンターバランス）と呼ばれる方法を取る。たとえば、前記の例を使えば、2011 年コンテンツと 2015 年コンテンツという２つの実験条件を実施する順番について、ユーザ調査参加者の半数には 2011 年コンテンツを先に、残りの半数には2015年コンテンツを先に実施するように、無作為に割り付ける、という方法である。

3.5. 交絡 confounding と交互作用 interaction、および主効果とは

本節は、独立変数と剰余変数との交絡について説明してきた。交絡と類似しているが、全く異なる概念として、交互作用と呼ばれる概念があるので、本節の最後に補足しておこう。

前記で、剰余変数の統制の恒常化の説明で述べたが、実験室が暗いとか暑すぎるというのは、実験を行うことに伴って必然的に生起してしまう（これを「共変している」という）ことである。つまり、交絡とは、従属変数に影響する２つ以上の変数自体が共変していることをいう。ここで、剰余変数を統制することができるのは、あくまでも研究者の知識や経験に基づいて行っているにすぎず、従属変数に影響するか否かは本来は関係のないことである。

実験計画法では、２つ以上の独立変数を配置した実験についても検討されてきている。そこで、交互作用とは、本来独立である（つまり、相関がない）２つ以上の独立変数が、互いに関連しあって、従属変数に影響しあっていることをいう。先の Web コンテンツでの評価実験を例に説明すると、2011年コンテンツと2015年コンテンツという２つの実験条件からなる独立変数と、ユーザ調査参加者の個人属性としてコンピュータ・スキルという独立変数（たとえば、高スキル群と低スキル群）と、２つの独立変数を配置した実験を設定することができるということである（２要因配置実験という）。この実験の従属変数として、たとえば、課題解決時間を採用したとして、実験結果は、図９-３から図９-５のように表されたとしよう。ここで、従属変数である課題解決時間を y 軸で示していることに注意されたい。また、第４章で述べた測定

値の水準については、独立変数である、コンテンツ要因は2011年コンテンツと2015年コンテンツという2つの条件であるが、名義尺度である。もう1つの独立変数であるコンピュータ・スキル要因についても高スキル群と低スキル群という2群であるが名義尺度である。従属変数の課題解決時間については、比率尺度である。

図9-3のような結果については、コンピュータ・スキル高スキル群の方が、低スキル群に比べて、2011年も2015年コンテンツも、課題解決時間が短いことを示している。

図9-4のような結果については、コンピュータ・スキル高スキル群は2011年コンテンツから2015年コンテンツで課題解決時間が短くなっているが、低スキル群ではあまり差が無いことを示している。

図9-5のような結果は、コンピュータスキルの高スキル群と低スキル群とで、2011年コンテンツと2015年コンテンツとで、課題解決時間が逆転していことを示している。

厳密には、得られたデータを推測統計にかけて有意差を確認する必要

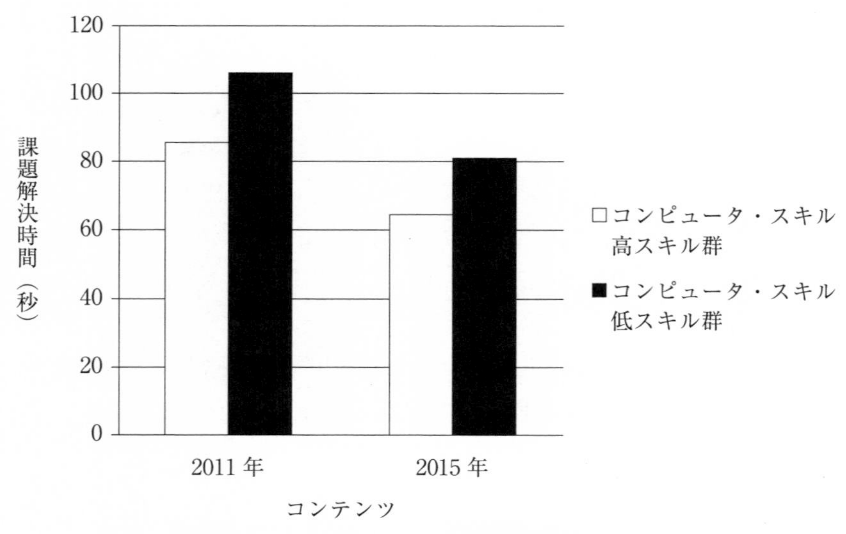

図9-3　Webコンテンツ評価実験結果（1）

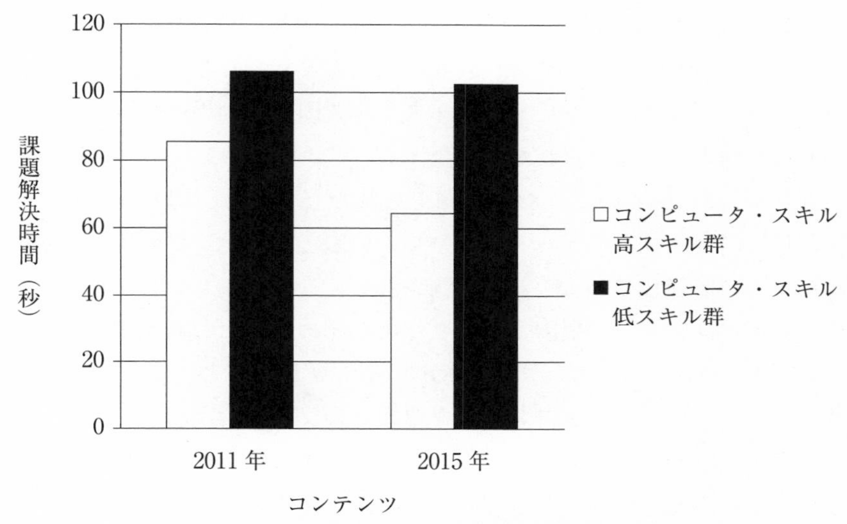

図９-４　Webコンテンツ評価実験結果（２）

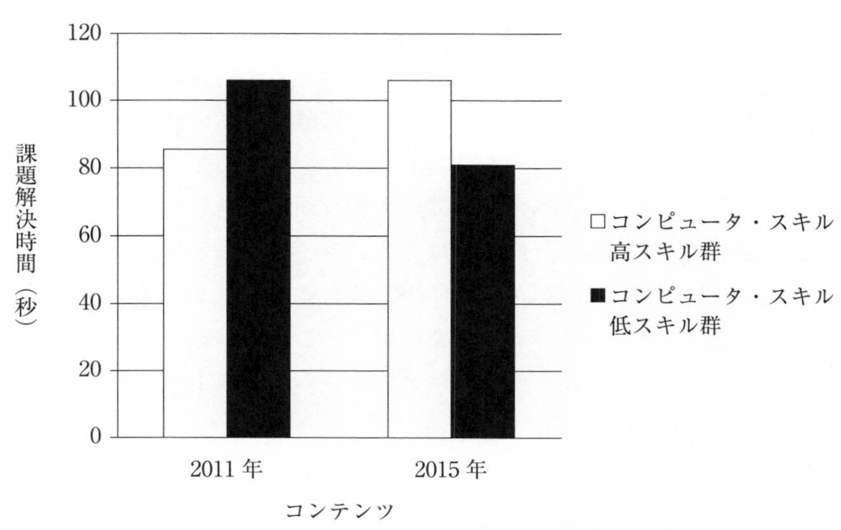

図９-５　Webコンテンツ評価実験結果（３）

があるが、図９−３が得られたとすると、課題解決時間には、コンピュータ・スキルの要因もコンテンツの要因も両方とも影響していることが推測される。これを、コンピュータ・スキル要因の主効果と、コンテンツ要因の主効果とが認められたと表現する。

もしも、図９−４のような結果が得られたとすると、課題解決時間に影響したのは、コンピュータ・スキルの要因とコンテンツの要因とが関連しあって影響していることが推測される。これを、コンピュータ・スキル要因とコンテンツ要因との交互作用が認められたと表現する。

もしも、図９−５のような結果が得られたとすると、これも、コンピュータ・スキル要因とコンテンツ要因との交互作用が認められたわけであるが、どのような理由で、このような結果になったのか解釈することが難しいので、全く異なる理論を出すか、あるいは、実験自体の不備や失敗があったと疑うことも可能であろう。

4. 実験計画法によらない実験について、あるいは十全な観察ということ

本章の最初で説明したとおり、実験とは何らかの拘束をかけて実験状況を設定することであるので、実験を行うことと実験計画法を採用することとは本来独立したことである。また、実験手段についても特段の制約は無く、実験室実験に限定されるものでもなく、たとえば、質問紙法とインタビュー法とを組み合わせて、実験計画法に則った実験を設定することさえも可能である。最近では、オンライン実験と言われるが、インターネット技術を利用した遠隔での実験も盛んであることもある。そもそも心理実験においてパソコンを利用することも、珍しいことではなくなっている。ユーザ調査であれば、なおさら、このようなパソコン利用やオンライン実験もある。

あるいは、研究対象そのものが稀少で重要であり、変数の統制が困難であるような状況で実験を行う場合もあり、いわゆるフィールド実験や単一事例実験と呼ばれるものもある。本書では、第12章で扱っている、事例研究や実践研究として捉えることができるような実験である。

さらに、第８章で、認知過程（プロセス）と結果とについて、複数のデータを収集することができることを説明したが、本章で紹介したWebコンテンツでの評価実験に関しても、次のようなことが十分に考えられる。すなわち、実験中に、ユーザ調査参加者によって、単にマウス操作をするばかりでなく、画面を指でなぞるとか、自発的に発話をする、ということであり、そのような自発的な行動を取ったユーザ調査参加者と取らなかったユーザ調査参加者とで、課題成績が異なるということである。このようなユーザ調査参加者による課題解決中のさまざまな自発的な行動などについては、本書では第14章で扱うことであるが、ポイントは、これらの自発的な行動は、実験統制を行うことが困難であるということである。たとえば、課題解決中に自発的に発話することと、言語プロトコル法を採用して同時言語報告を求めることとは、根本的に異なる事態であるからである。しかし、研究の目的によっては、これらの自発的な行動を取り上げて、データ分析を行った方が良い場合も多々ある。そこで、仮に実験計画法に則った実験を行っていたとしても、このような課題解決中の自発的な行動に注目してデータ分析を行うような実験を、「準実験」と見なすということもなされている。いずれにしても、実験計画法に則った実験では、観察の対象は従属変数となるので、このような自発的行動は、測定における誤差として扱われがちである。第４章でも述べたように、研究者として、十全な観察を行って、実験という方法から、できるだけ有意味な情報を引き出す努力は惜しまないことが大切であるということであろう。

演習問題

実験計画法については、本文で述べた「実験者効果」について考えるのが有益であるので、ユーザ調査法とは異なる例であるが、演習問題として、以下続けたい。

「実験者効果」について有名な例は、「新薬の効果」をどのように検証したら良いか？　という問題である。どのような実験条件を設定するのが良いか、読者には考えてほしい。そして、次の選択肢から正解と思うものを一つ選んでほしい。

9.1　新薬を投与する実験群、何も投与しない統制群

9.2　新薬を投与する実験群、何も投与しない統制群、さらに、偽薬を投与する統制群

9.3　上の２つでは不十分である

演習問題の解答と解説

正解は、9.3 である。

まず、9.1 では、どうして不十分であるか説明しよう。つまり、薬を飲むことによって、薬を投与されたという認知に伴う心理的効果、これを剰余変数と見なすことができるが、この２つの群を比較しても、この影響を見極めることができないからである。

それでは、9.2 では、どうして不十分であるのか。この実験を実施する実験者が、実験の仮説を知っていると、まさに実験者効果が起こる可能性が高まるからである。そこで、盲検化（ブラインディング）という手続きを取ることが必要となる。そして、盲検化のレベルとして、以下を想定することができるわけである。

実験参加者：一重盲検化、つまり、新薬と偽薬との区別が付かない状態

実験者：二重盲検化、つまり、どの実験参加者に、どの条件を割り当てるかを知らない状態

実験結果の判定者：三重盲検化

データ解析者：四重盲検化

以上は、「プラセボ効果」として有名な例であるが、実験計画法に従って厳密に実験を行うことの困難さを噛みしめることができたであろうか？　なお、この問題では、実験参加者は無作為抽出して、実験群や統制群に無作為に割りあてる、無作為化を行うことは前提としている。

参考文献

本章では、引用文献はないので、参考文献を挙げておく。

・実験、および実験におけるデータ分析について

まず放送大学の関連科目として以下がある。

三浦麻子「心理学研究法（'20）」

豊田秀樹「心理統計法（'17）」

また、豊田秀樹「心理統計法（'17）」の前に、以下も参考になる。

大久保街亜・岡田謙介（2012）『伝えるための心理統計：効果量・信頼区間・検定力』勁草書房

・データ分析の実務については、以下も参考になる。

森敏昭・吉田寿夫（編著）（1990）『心理学のためのデータ解析テクニカルブック』北大路書房

山田剛史，杉澤武俊，村井潤一郎（2008）『R によるやさしい統計学』オーム社

山田剛史（編）（2015）『R による心理学研究法入門』北大路書房

・プラセボ効果について

広瀬弘忠（2001）『心の潜在力　プラシーボ効果』朝日新聞社

中山健夫（2014）『健康・医療の情報を読み解く：健康情報学への招待　第２版』丸善出版

＊中山（2014）では、プラセボ効果以外にも、ホーソン効果、ピグマリオン効果、ゴーレム効果についても紹介されており、参考になる。

10 ユーザの日常生活を知る１：ログ分析

《目標＆ポイント》 (1)ログデータを収集し分析することで、ユーザの日常生活との関係について調査できることを理解する。(2)ログデータは、時間情報付きのデータであることを理解する。(3)ログデータから研究に必要な情報を抽出する方法について理解する。
《キーワード》 ログ（ログデータ)、ネットワーク、探索的データ解析、テキストマイニング

1．ユーザの日常生活を知る

本章第10章から第12章は、「ユーザの日常生活を知る」という主題のもとに、第10章は「ログ分析」、第11章は「談話分析、日記・日誌法」、第12章は「事例研究・エスノグラフィー・実践研究」と副題をつけている。そこで、このようにしている意図について、本章の本題に入る前に説明しておこう。

すなわち、本科目の主題であるユーザ調査において、ユーザの日常生活を知ることには、次のような意味があるだろう、ということである。あらためて述べるまでもなく、現在の情報化社会においては、日常生活と、さまざまな情報通信機器やサービスの利用とが密接に関係している。情報通信機器やサービスの利用が、日常生活を営む前提になっているとさえ言えよう。また、研究を評価するという観点から、研究対象で

あるユーザや情報通信機器・サービスが実際に使われている日常生活を対象にする方が、生態学的に妥当な研究を行っていると言える。これを生態学的妥当性という。また、研究者の社会的な責任という観点から、日常生活をより便利により豊かにしていくことを目的にユーザ調査を行うことも必要と言われる時代背景もある。

日常生活と情報通信機器・サービス利用とが密接に関連しているということの意味は、情報通信機器・サービスを利用することによって、その利用に関わるさまざまなデータが履歴として保存され続けているということである。これを「ログ」データといい本章で検討する。当然のことであるが、このようなログデータが存在する以前から、ユーザの日常生活を研究するために、さまざまな方法がとられてきた。すなわち、日常生活でごく自然に行われている会話や談話、さらには、日記や日誌と呼ばれる記録方法である。ログには「航海日誌」という意味もあることを指摘しておいても良いだろう。これらについては、第11章で検討する。そして、日常生活で起きている様を記述するということ自体が民俗学や人類学の研究テーマであったわけであるが、その手法をユーザ調査にも適用することが試みられてきた。さらには、情報化社会におけるさまざま問題や課題を解決するという実践自体もユーザ調査の対象となってきた。これらを第12章で検討する。

ユーザの日常生活を研究することには、研究の信頼性という観点からは、大きな制約があるということはすぐに理解することができるだろう。すなわち、日常生活ではどんな行動であれその要因を明らかにすることが困難であったり、追試が成立しなかったり、研究者が当事者になってしまう、ということが当たり前であるからである。そこで、多くの研究が探索的なモードで行われていると言えよう。逆に考えると、第2章で紹介したように、ユーザ調査をする研究者の人間の捉え方の違いが、このような研究のモードに影響を与えるということである。

2. ログとは

コンピュータの処理の履歴を記録することはログ、記録されたデータはログデータと呼ばれる。コンピュータの操作の内容とその日時とが記録されていくことになる。つまり、ログデータとは、時間の情報も加味されたデータであることがポイントである。具体的には、次のようなデータがある。

• Web アクセスログ

インターネットの Web サイトは、Web サーバによって提供されているが、そのサイトのコンテンツへのアクセスが記録されている。そのサイトへアクセスした端末の IP アドレス、アクセスの日時、コンテンツ（ファイル名）、元のページの URL、アクセスした Web ブラウザ名や OS 名などの情報が、アクセス毎に記録されていくことになる。

• ブログや SNS

ブログや SNS（Social Networking Service）も Web サイトであるので、上記と同じ情報が記録されていくことになる。特に、参加者が投稿した記事や写真、動画などのコンテンツ情報も記録されていくので、当該のコミュニティ内での参加者間のやり取りを研究することも可能となっている。その際には、自動的にコンテンツ情報を収集するツールも利用されている。

• 商業系のログ

POS（Point of Sales System）は商業施設で売り上げ実績を記録するもので、ログと言える。実際の店舗では、POS で記録されたデータに基づいて、発注や在庫管理を行っているし、メーカも商品の生産管理に使っている。

ポイントカードやインターネットを利用した通信販売も同様である。利用者の個人情報や商品の購買記録などが蓄積されて、利用者の消費生活の実態に即したマーケティングが可能となってきている。さらに、仮想通貨や個人認証などの情報通信技術も付加されて、ますます便利なサービスが展開されつつある。

- ライフログ

ライフログ（life log）とは、日常生活のすべてをデータとして記録することを言う。衣食住に関わることを記録し、自分の生活を振り返って改善するためのツールもある。ウェアラブルコンピュータと言われるが、ユーザの身に着けて利用する情報通信機器も各種開発されてきている。

- センサーやIoT技術

ユビキタスコンピュータと言われてきたが、最近ではIoT（Internet of Things）技術による各種のセンサーについての研究も盛んである。第4章で、観察における時間抽出法について述べたが、これらの技術を利用すると、（電源が確保され、データ保存ストーレッジが空いている限り）1日24時間、365日のつまり常時観察が可能になっていると言える。各種の監視カメラでは、画像が一定時間間隔で保存され、利用されている。やや変わった例になるかもしれないが、たとえば、最近の車は、各種の挙動をデータとして記録している。ブレーキを踏む、アクセルを踏むといったドライバーの行動や、オイルの温度、ガソリンの残量など車の状態を示すデータであるが、これらもログデータと言える。

これらの各種のログデータは、一定の時間間隔で自動的に記録されていくものと、何らかの操作（イベント）に伴って記録されていくものとに大別されるが、いずれも、時間の情報も含まれたデータである。いずれにしても、ログデータを分析する際には、時系列分析の手法を参考にしているところが多い。ログデータから、次節のネットワーク分析につなげていく、というのもデータ解析で実践されていることである。ログを実際に分析する前に、公開されている各種のログデータセットで、分析方法を学んだり試したりすることもできる（参考文献を参照されたい）。

3. ネットワークとは

ユーザが情報通信機器・サービスを利用する際の諸問題を扱うのが本科目の趣旨である。ここで、ユーザとその利用対象とは「利用する」という関係を持っており、最も単純なネットワーク構造として表現することができる。これを図として示すとしたら、ユーザと特定の対象とを点として、両者の関係を線として示して、ユーザと対象という２つの点を１つの線でつなぐ、ということができるだろう（図10-１）。さらに、この例の場合には、ユーザが対象を使う、という関係であるので、単純に線でつなぐよりも、矢印でつないだ方が、より適切にこの関係を図として示すことができるだろう。

このようなユーザと対象との関係は、このような単純なものに限定されているのではなく、たとえば、同じような機能を持つ、複数の対象との関係を示したり、複数のユーザが同じ対象を利用するということを示したり、ということも可能になる。さらには、複数のユーザ間の関係のみを示すとか、複数の対象間の関係のみを示すということも可能である。第２章で紹介したメディアと行動のネットワーク（図２-４）はその例であったわけである。

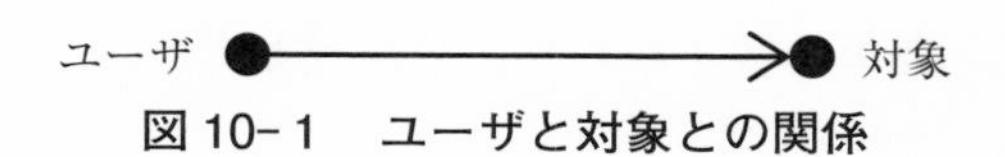

図10-１　ユーザと対象との関係

こうして、ユーザ調査において、ユーザや対象とその関係を検討するにあたり、ネットワークの考え方の必要性や有効性について理解することができるだろう。

そこで、あらためて、ネットワークについて説明しておこう。ネットワークはグラフによって表現することができる。グラフは、点と線とで構成されている。点 point については、ノード node や頂点 vertex という用語で呼ばれることもある。線 line についても、辺 edge や弦 arc という用語で呼ばれることもある（社会的ネットワーク研究の文脈では、紐帯 tie と言われることも多い）。ここでは、点と線という用語で説明を続ける。

点と線とで構成される構造は、グラフ理論と呼ばれる数学の一領域で研究されてきた。グラフは図として表現することで視覚的に分かりやすいが、隣接行列として表現することができるので数学的な研究が進んだと言えよう。図 10-1 で、線が矢印で示される場合について触れたが、これを有向グラフという。線に方向性がない場合には、無向グラフとなる（ここまでの説明は、図 10-2 を参照のこと）。点と点との関係、すなわち線は、関係の強さが異なることを示すこともできる。また、他のどの点とも関係が無い点もあり、孤立点と言われる。図 10-3 に、以上のグラフの例とその隣接行列とを示している。孤立点は、点 1 と点 2 とである。

さて、ネットワークが複雑になるほどに、図的な表現でも分かりにくくなるため、ネットワークの特徴を示すさまざまな指標によってネットワークの構造を知ろうとする試みがなされてきた。ここでは、密度、次数、中心性について簡単に説明しよう。

- 密度 density：関係の数すなわち、点の数と、それらの点を結ぶ線の

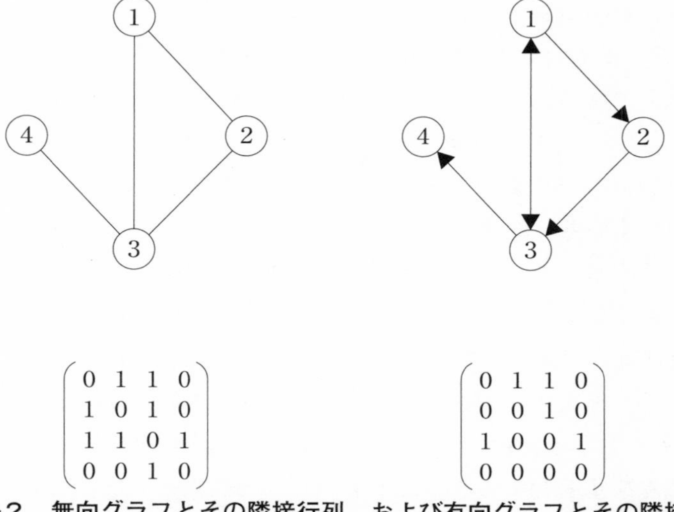

図10-2　無向グラフとその隣接行列、および有向グラフとその隣接行列

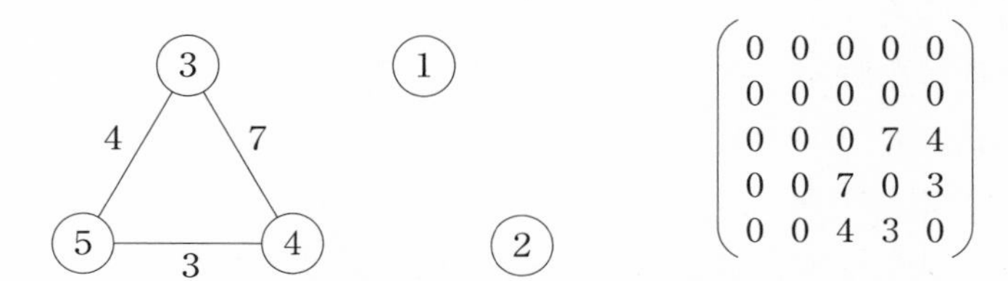

図10-3　重みつきグラフとその隣接行列

最大数である。先に、有向グラフと無向グラフとについて触れたが、密度は異なるので注意が必要である。すなわち、有向グラフでは、関係の最大数は、点の数×(点の数－1)であるが、無向グラフでは、{点の数×(点の数－1)}／2となる。

- 次数 degree：ある点に接続している線の数のことである。上記、孤立点 isolated point の次数はゼロ、次数1の点は端にあるということで端点 end vertex と言われることもある。

- 中心性 centrality：ある点がどれくらい中心的であるのかということで、（1）点の持つ線の数、（2）点間の距離、（3）点の媒介性というのがよく用いられる基準である。

（1）点の持つ線の数：あるネットワークの中で、他の点と直接つながっている、つまり線の数が多いほど、その点の中心性は高い、という基準である。無向グラフの場合には、先に説明した、次数を基準とすると言うことができる。しかし、有向グラフの場合には複雑になる。すなわち、ある点について、その点が始点になる次数（出次数 outdegree という）と、その視点が終点になる次数（入次数 indegree という）とがあり、出次数と入次数のどちらかのみを基準とすることもできるし、出次数と入次数の両方を加味して基準とすることもできるからである。これは、研究者が研究目的によって決めていくことである。

（2）点間の距離：ある点から他の点に到達するまでの線の数（パス長 path length）が短いほど、その点の中心性が高いと見なすという基準である。

（3）点の媒介性 betweeness：ある点が他の点間の関係をどのように媒介しているかに基づく基準である。安田（1997）は、図 10-4 を示して、媒介性について次のように述べている。ネットワーク A であれば、点 A が中心となっていることは「直感的に理解でき」ると判断でき、これをハブ hub という。一方で、ネットワーク B であれば、点 C が、媒介性の基準からは、「中心性が最も高く」なると言える。

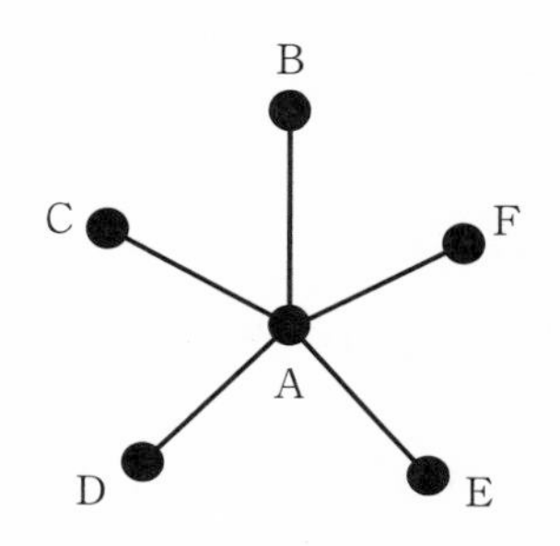

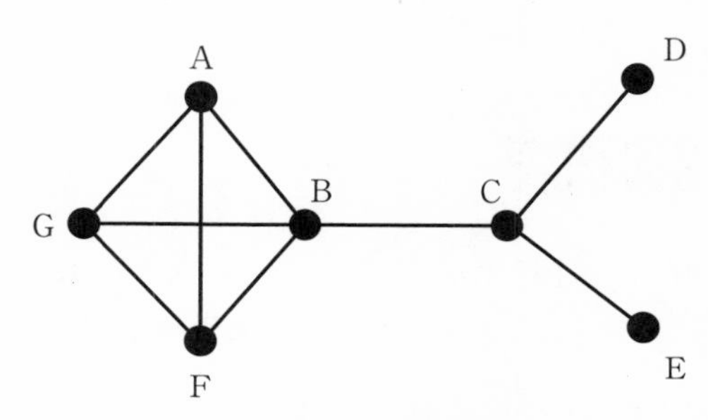

出典：安田（1997）p.86　図10

図10-4　ネットワーク中心性

4. 探索的データ解析・データマイニング、そしてデータサイエンス

本章の最初で、ユーザの日常生活に関する多くの研究が探索的なモードで行われていると説明したが、そのこととも関連して、データ分析の中でも、探索的データ解析やデータマイニングと呼ばれるデータ分析の方法について、簡単に触れておこう。

まず、探索的データ解析は、じっくりとデータを見て、文字通り、データの特徴を探索する方法を提案しており、特にデータの特徴を可視化する技術に長けている。

データマイニングとは、与えられたデータから有意味な情報を見つけようとする方法であり、パターン抽出、クラス分析、回帰分析などの手法がある。言葉つまりテキストデータの場合には、テキストマイニングと呼ばれる。

こうして最近では、データサイエンスと総称されているが、ビッグデータを分析して何らかの有意味な情報を見つけようという方法がさまざまな研究領域で行われている。これらの説明は、本科目の範囲を超えているので、読者は、参考文献など参照してほしい。

学習課題

10.1　日常生活において、ログと見なすことができるものを取り上げて、ログデータを収集する方法を考えてみよ。

10.2　日常生活において、ネットワークと見なすことができるものを取り上げて、そのデータを収集する方法を考えてみよ。

引用文献

安田雪（1997）『ネットワーク分析　何が行為を決定するか』新曜社

参考文献

ログデータの公開については、国立情報学研究所やアマゾンのAWSのサイトなどを参照されたい。

本章の内容に関連する放送大学科目に以下がある。

秋光淳生「データの分析と知識発見（'20）」
川原靖弘・片桐祥雅「生活環境と情報認知（'20）」
川原靖弘・ロペズ　ギヨーム「生活環境情報学基礎演習（'18）」（オンライン授業科目）

ネットワーク分析については、引用文献で挙げた以外には、

鈴木　努（2017）『ネットワーク分析　第2版』共立出版

が、探索的データ解析については、やや古いが、

渡部洋・鈴木規夫・山田文康・大塚雄作（1985）『探索的データ解析入門：データの構造を探る』朝倉書店

が、データマイニングやテキストマイニングについては、

石田基広（2017）『Rによるテキストマイニング入門　第2版』森北出版
豊田秀樹（2008）『データマイニング入門：Rによる統計分析』東京図書

がそれぞれ参考になる。

11 ユーザの日常生活を知る２：談話分析、日記・日誌法

《目標＆ポイント》 （1）日常生活が言葉のやり取りによって営まれていることを理解する。（2）日常生活におけるユーザ調査法として、談話分析の特徴を理解する。（3）日常生活におけるユーザ調査法として、日記法・日誌法の特徴を理解する。

《キーワード》 談話分析、会話分析、日記法、日誌法

1．ログ、談話、日記や日誌

第10章「ログ分析」の最初に、ログには「航海日誌」という意味もあることを指摘しておいても良いだろうと書いたが、その意味について、本章の最初に述べておきたい。

操船において、航海日誌をつける目的は何であろうか？　まずは、操船の記録であろう。そして、目的地に着くまでに、どのように操船していくことができるかを計画するためであろう。さらには、何か突発的な出来事が起きた際に、その状況をきちんと診断して、起こりそうな問題を回避したり、起きてしまった問題を解決したりするためであろう。

これは、第4章で述べた、研究の目的としての、記述、予測、制御に当てはめてみることができる。つまり、操船の記録とは、研究目的では記述に、操船の計画とは予測に、問題時の対処とは制御に、それぞれ対応していると考えることができるだろうということである。

もう少し操船の現場について想像を巡らしてみる。航海日誌をつけるタイミングはいつであろうか？　情報通信技術が発達していない時代には、船員が、たとえば1日の終わりにまとめてつけることもあるだろうし、何らかの操作をするたびに記録することもあるだろう。そして操船における操作には、複数の船員間での、さまざまな言葉のやり取りによって行われているだろう。このことは、第10章のログの記録のされ方と、基本的には同じであると言える。

さて、操船とは、船員にとっての仕事の現場である。操船中は船外に出ることはできないが、寄港中であれば船外に出ることもできるし、船中でも、休憩や睡眠、食事など、操船以外の活動を取っており、船員にとっては、日常生活の現場であると言える。操船以外の活動においても、複数の船員間で、さまざまな言葉のやり取りが行われているだろう。その際には、話し言葉だけでなく、書き言葉も使われているだろう。

つまり、人間にとっては、仕事を含めて日常生活は、言葉のやり取りによって営まれているということである。もう少し正確に述べると、人間の日常生活とは、言葉に代表される記号的活動である、ということである。「言葉に代表される」という意味は、非言語的な記号や媒介物として、写真や動画などとして表現されているものや、非言語コミュニケーションと呼ばれる身振り・手振りや表情、体の位置や向きなども含まれている、ということである。

そこで、本章においては、「談話分析、日記・日誌法」と題して、仕事を含めて日常生活を営む中で人間が行っている、言語に代表される記号的な活動を対象にしたユーザ調査法について検討する。なお、第10章において、ログとは時間的な情報が加味されていることが特徴的であると述べたが、本章において検討されるデータの多くが時間的な情報が加味されているので、広義のログ分析と言えることは最初に述べておきたい。

2. 日常生活における言葉のやり取りを研究する

言葉のやり取りを研究する際に、大きく3つの異なる考え方・進め方がある。すなわち、（1）言葉のやり取りについての研究、（2）言葉のやり取りを通した研究、（3）言葉のやり取りによる研究、の3つである。

（1）言葉のやり取りについての研究

これは、言葉のやり取りによって生産された内容・コンテンツ（あるいはテキスト）の機能と構造とを研究する考え方であり、主に言語学に基づいた進め方と言える。言葉は、音素や形態素、単語、節、文、文章やテキスト、というように構造を区別することができ、それぞれの機能を想定することもできる。

（2）言葉のやり取りを通した研究

これは、言葉のやり取りによって生産された内容・コンテンツ（あるいはテキスト）を研究資料（あるいはデータ）として用いて、言葉のやり取りの背景にある社会の機能と構造を、言葉のやり取りを引き起こす心理の機能と構造を研究する考え方であり、社会学や心理学に基づいた進め方と言える。社会学であれば、それぞれの言葉が、どのような社会的な特性を有する人物によって生産されたのかとか、言葉のやり取りがどのような社会的文脈で行われたのか、あるいは、当該の言葉のやり取りが社会にどのような影響を与えたか、ということが特定されていくことになる。心理学でも、それぞれの言葉が、どのような心理的な特性を有する人物によって生産されたのかとか、言葉のやり取りがどのような心理的文脈で行われたのか、あるいは、当該の言葉のやり取りが当該の人物（の心理）にどのような影響を与えたか、ということが特定されていくことになる。

（3）言葉のやり取りによる研究

これは、言葉のやり取りに働きかけをして、そのやり取りが行われた現場を変えていこうとする志向を持つ研究の進め方である。これは、詳しくは、次章の第12章で扱うが、いわゆる実践研究の中でも介入研究と言われるものである。

これらの3つの考え方を、第4章で述べた、研究の目的としての、記述、予測、制御に当てはめてみると、（1）と（2）は、記述や予測を、（3）は制御を、それぞれ志向した研究であると区別することができるであろう。

さて、本章の残りでは、日常生活における言葉のやり取りを、談話や会話という側面と、日記や日誌という側面とに区別して検討していくが、その区別について、若干の補足をしておきたい。

まず、それぞれの代表的な場面を考えてみると、談話や会話とは話し言葉によるやり取り、日記や日誌とは書き言葉によるやり取り、と区別して良いであろう。しかし、多くの談話研究者は、話し言葉と書き言葉との区別はしておらず、言葉のやり取りによって生産された内容・コンテンツ（あるいはテキスト）を研究対象としていることも事実である。

また、最近の情報通信技術の発展に伴い、話し言葉と書き言葉との変換用のツールも実用段階に入ってきているという意味で、話し言葉と書き言葉との区別は限定された目的の研究においてのみ意味があるということであろう。

また、特に、日誌には決められた形式、書式があるが、談話や会話には、そのような書式は無いのではという疑問が浮かぶかもしれない。しかし、前記の特に（２）言葉のやり取りを通した研究によって、談話や会話とは無定形、無規則に行われるのではなく、形式や規則があり、それらの形式や規則に従って人間は談話や会話を行っていることが明らかになっている。一方で、日誌であっても、また日記であればなおさら、第５章で紹介したが、自由記述形式の報告の仕方を取ることになることも事実であるが、一定の規則があることも事実である。そこで、本章でも、特に、書式や規則についてはこだわらないで以下の議論を進めていこう。

3. 日常生活における談話や会話

本科目で何度も述べているように、現代は情報化社会と言われており、人間の日常生活に情報通信技術が利活用されている。そこで、日常生活のさまざまな場面で、その際に使われている情報通信機器やサービスについて、言葉のやり取りで実行したり、話題にしたりしていることになる。つまり、話し言葉によって、その活動を行っている。

以上の意味では、ユーザ調査法の対象は、日常生活のあらゆる場面で想定することができる、つまり、情報学の観点からの研究が可能であるということである。日常生活について、高橋（2018）は、時間利用調査に基づいて、「必需行動」「拘束行動」「自由行動」に分類して検討しているが、ここでもこの分類に従って、以下検討を続けていこう。

必需行動

これは、個体を維持向上させるために行う必要不可欠性の高い行動であり、具体的には、睡眠、食事、身のまわりの用事、療養・静養からなるとされている。

これらの活動には情報通信機器やサービスの利用は関係があまりない

ように思われるかもしれないが、本科目では第13章で触れることになるが、生物、生命体としてのユーザの観点は前提条件であり、また、ヘルスケアに代表されるツールも実用化されており、ユーザ調査法の対象として十分に想定可能であると言えよう。

拘束行動

これは、家庭や社会を維持向上させるために行う義務性・拘束性の高い行動であり、具体的には、仕事関連、学業、家事、通勤・通学、社会参加からなるとされている。

これらの活動と情報通信機器やサービスの利用との関係については、すぐに具体例を思いつく読者がほとんどであろう。仕事について、たとえば第一次産業に関する仕事であってもその情報化の例を思いつくであろう。学業についても、情報教育という特定の科目に限定しなくても、さまざまな場面で情報通信機器やサービスが利用されている。放送大学における教育サービスも同じである。その他、家事、通勤・通学、社会参加についても、同様であろう。

自由行動

これは、人間性を維持向上させるために行う自由裁量性の高い行動であり、マスメディア接触、積極的活動であるレジャー活動、人と会うこと・話すことが中心の会話・交際、心身を休めることが中心の休息からなるとされている。これらの活動と情報通信機器やサービスの利用との関係についても、すぐに具体例を思いつく読者がほとんどであろう。テレビゲーム、SNSでのやり取りといった活動も、休息としてしている、という読者も多いだろう。

以上、必需行動、拘束行動、自由行動という３つの活動について簡単に検討してみたが、いずれの活動においても、その実際の活動は、言葉によるやり取りによって行っている、すなわち、言葉に代表される記号的活動である、ということにも納得できるであろう。

実務としての人間中心設計

ここでは、仕事の例を取り上げて、もう少し具体的に、人間の日常生活が言葉に代表される記号的活動であることの諸相を描いてみたい。本科目では、ユーザ調査法を検討するにあたり、人間中心設計の考え方を重視している。第１章では、人間中心設計のプロセスとして、利用状況の理解と明確化、ユーザや組織の要求事項の明確化、設計による解決案の作成、設計を要求事項に照らして評価、の４つを区別した。そして、この内、利用状況の理解と明確化と設計を要求事項に照らして評価との段階でユーザ調査が必要とされるとしていた。しかし、残りの、ユーザや組織の要求事項の明確化と設計による解決案の作成という２つの段階は、その実務を仕事として担当する専門家による言葉のやり取りによって行われていることは事実であろう。

まず、ユーザや組織の要求事項の明確化とは、要求工学という領域で研究が行われている。前記で、言葉のやり取りには、（１）言葉のやり取りについての研究、（２）言葉のやり取りを通した研究、（３）言葉のやり取りによる研究、の３つがあることを説明したが、これに即して述べるとすると、ユーザや組織の要求事項の明確化とは、言葉のやり取りによる活動によって行われている、ということである。しかし、この実務での問題としてよく取り上げられることとして、開発者側が、ユーザの要求を誤解していたことが開発の後期段階になって判明するということがある。その際には、利用状況の理解と明確化に戻ってユーザ調査を再度行う必要があるわけであるが、時間の制約のある開発プロジェクトが回らない、ということも起きてくる（そして、いわゆる「デスマーチ」に至ることも多々あると言われる）。いわば、言葉のやり取りによる活動を行うにあたり、言葉のやり取りについての活動や、言葉のやり取りを通した活動との密接な関係が必要であるということである。

次に、設計による解決案の作成とは、設計工学という領域で研究が行われている。そして、設計による解決案の作成もまた、言葉のやり取りによる活動によって行われている、ということである。この実務においても、設計に関わる複数の専門家の間で、設計に関わる各種のツールを利用して、言葉のやり取りについての活動や、言葉のやり取りを通した活動も行いながら、設計という実務が実行されることになる。

さて、日常生活における談話や会話について検討してきたが、その活動の場面で、書き言葉である文書や各種の書式が関わることに、多くの読者が気づいたであろう。このことを、節をあらためて検討を続けよう。

4. 日常生活における日記や日誌

本章のここまでの説明を読みながら、そして、あらためて仕事を含む日常生活の場面場面を振り返ってみると、そこには、さまざまな書き言葉や文書が介在していたことに気づくであろう。

日記

まず、日常生活において日記をつけているという読者もいるであろう。そして、第10章で取り上げたが、ブログやSNSでの投稿自体が日記をつけることと同義であるという読者や、今までの紙ベースの日記は続かなかったが、ブログやSNSでの日記は楽しくて継続しているという読者も多いであろう。このような日記は、利用者が自発的に記録したものであるが、一定の手続きを経ることで、ユーザ調査の資料として利用できる可能性はあるわけである。

もちろん、調査を目的として、ユーザ調査参加者に日記をつけることを求めることもできるが、多くの場合、日記の書き方に制約を加えることになるので、次の日誌の形式という方が正確であろう。

日誌

次に、多くの場合は、仕事の現場での日記とも言うべきであるが、日誌という文書も存在している。各種の事務的な定型文書をはじめとして、業務日誌、研究現場における実験ノート、各種のカルテ、などすぐに思いつくであろう。教育現場での連絡帳といった例もある。いずれの場合も、それぞれの現場で、必要性に応じて自発的に日誌が取られるようになったと言えるが、やはり、一定の手続きを経て、ユーザ調査の資料として利用できる可能性があると言えよう。

もちろん、調査を目的として、ユーザ調査参加者に日誌をつけることを求めることもできる。その際には、日誌で記録する内容や形式について一定の制約を設けることになるが、これは、第6章で扱った質問紙法での回答方法の分類と同じことである。

以下、ユーザ調査という観点から、興味深い日誌の例を挙げてみよう。情報系に限定されないが、各種の開発プロジェクトでは、社内メールやプロジェクト管理ツールを使うことも当たり前になってきている。そこでの言葉のやり取りも、日誌と見なすことが可能であろう。

情報通信機器やサービスには、ユーザサポートの機能も付いていることが多いが、そこへの「お客様相談」の記録は、日誌として捉えることができるだろう。その際に、情報通信機器やサービス上でのエラーやインシデントの記録ということも同時に得られることが多いが、むしろ、前章で扱ったログデータとして取られる方が良いであろう。これらをデータベース化して、情報通信機器やサービスの開発に活用することもできるであろうし、すでに実践しているメーカも多いであろう。

日常生活ではさまざまな経済的な活動も伴っているが、そこにも日誌と言える文書が存在している。たとえば、家計簿を付けている読者もいるであろうし、家計簿ツールを使って、各種の領収書やレシート、預金通帳などのデータを管理しているという読者も多いであろう。さらに、日常生活では、必需行動に含まれるが、おくすり手帳、基礎体温表、子どもの成長記録などもある。

このように振り返ってみればすぐに納得できると思うが、歴史学における史料というのも、現代でいうところの、このような日誌という文書であったと言うことができるだろう。

経験サンプリング法

本章の最後に、特徴的な日記法という意味で、三輪（2016）も紹介しているが、チクセントミハイリ（Csikszentmihalyi, M.）によって開発された経験サンプリング法（Experience Sampling Method：ESM）について触れておこう。これは、ユーザ調査参加者に特別な装置を携帯してもらい、毎日ランダムな時間に、その装置を使って呼び出しを行って、その時々に何をし、何を考え、何を感じているかということを、ユーザ調査参加者に記録することを求めるという方法である。第13章でも触れるが、この方法は、現在では、ウェラブルセンサーやIoT技術を使ったツールないしはシステム開発に応用されて、ユーザ調査参加者の日常生活の観察に生かされている。

学習課題

11.1　談話分析を行うのに適切な研究テーマを考えてみよ。

11.2　仕事で使われている日誌や、自分でつけている日記を分析する観点を考えてみよ。

引用文献

三輪眞木子（2016）「ユーザの日常生活を知る２：談話分析・日記法・観察法」，黒須正明・高橋秀明（編）『ユーザ調査法』放送大学教育振興会，Pp.152–169.

高橋秀明（2018）「日常生活とは」，青木久美子・高橋秀明『改訂版 日常生活のデジタルメディア』放送大学教育振興会，Pp.24–45.

12 ユーザの日常生活を知る３：事例研究・エスノグラフィー・実践研究

《目標＆ポイント》 （１）ユーザ調査法における事例研究·エスノグラフィー·実践研究の位置づけを理解する。（２）ユーザ調査法の枠組みを柔軟に考える方法を理解する。
《キーワード》 事例研究、エスノグラフィー、実践研究

1．事例と実践と

第 11 章の最初に、操船の例から、ユーザ調査法の説明を行った。ここでも、同じ、操船を例にして、本章の取り掛かりとしよう。

読者は、『不沈　タイタニック　悲劇までの全記録』という書籍をご存知だろうか？　1912 年 4 月に起きたタイタニック号沈没というのは海難史にとどまらず、世界中の人々が知っている事故であるが、その関連資料に基づいた著作であり、事例研究と言えるものであろう。事例研究が存在している理由はさまざまあるが、その事例に人間やその存在について何らかの本質があるということであろう。タイタニック号沈没事件については、映画や音楽などの作品も生み出し文化的な影響が大きいことも、その本質を物語っていると言うこともできよう。人生を航海にたとえるのも同じであろう。

物事の本質を理解しようとするための有力な方法が事例研究であるが、そのような本質を把握して直面している問題を解決したり改善した

りということも、その問題の当事者であれば考えるものである。日常生活においては、研究者も何らかの問題の当事者になることはあり、その場合に研究者が何からの活動を実践して、その問題に対処するということがある。研究の方法論という意味では、いわゆる実践研究がこれに相当する。

本章では、ユーザの日常生活を知ると題した３つの章の最後の章という意味で、このような事例研究や実践研究について検討していこう。

2. フィールドとしてのオンライン化された日常生活、あるいは情報生態系としての日常生活

まず、現代の情報化社会における日常生活とは、どのような現場であるのか？　簡単に振り返っておこう。

それは、常時オンライン状態という日常生活がすでに存在していることである。情報通信機器やサービスを十全に利用するためには、利用する個人を特定した形でログインやサインインをすることが必要になるが、そのような状態で居続ける利用者が存在しているということである。つまり、そのような利用者は「利用者」や「ユーザ」と特別の名称を付けて呼ぶことも無意味であるように、ごく当たり前に自然に、常時オンライン状態で日常生活を送っているのである。

このような状態は、人類の歴史を振り返っても初めてのことであり、そのことだけでも、研究者の興味関心を引いていることは事実であろう。そこで、オンライン・フィールドワークと呼ばれる研究方法がとられるようになった。すなわち、研究者自身も常時オンライン状態でオンライン上のコミュニティに参加して、他の参加者とやり取りを繰り返しながら、フィールドワーク（現地調査）を行うというものである。

フィールドワークという方法は、文化人類学においてとられてきた方

法である。そしてその研究成果として、民族誌（エスノグラフィー）と呼ばれる著作が書かれ、公表されている。フィールドワークは、研究対象となった社会や文化に関わる人々のあり方を、できるだけそのままの形で記述しようという研究姿勢で行われると言える（「厚い記述」と言われる）。そして、現地で長期間生活をともにして、調査協力者（インファーマント）に聞き取りをしながら、その生活のあり方や人々の考え方を、参与観察によって明らかにしようというものである。

このように言葉で説明することはできるが、フィールドワークを実践し研究成果をまとめることには困難がつきまとうことは覚悟しておくべきである。生活のあり方や人々の考え方をできるだけそのままの形で記述するとは、そこに関わるであろうさまざまな要因や要素について深く解釈し、ある一つの一貫した「物語」として世に示すということだからである。

常時オンライン状態であっても、日常生活の全てがサイバー空間で実践されているわけではなく、現実の空間で実践されている日常生活とサイバー空間で実践されている日常生活とが重層的に営まれているわけである。その在り様については、第２章で、日常生活におけるゴミ捨て行動を例にして紹介したものである。現代の情報化社会における日常生活を情報生態系として捉えるのが妥当であろうと筆者は考えているが、その評価は読者に委ねたい。

3. 実践研究

ここからは、ユーザ調査法として見なすことができる、あるいはユーザ調査法として活用することができる、さまざまな実践研究について、アラカルト的に紹介していこう。

3.1. ユーザビリティテストとインスペクション法

最初に、黒須（2016）によって紹介されている、ユーザビリティテストとインスペクション法とを取り上げよう。

ユーザビリティテストとは、ユーザに実際の機器やシステムまたはその試作品やプロトタイプを実際に使うことを求めて、ユーザからデータを得ようというものである。通常は、ユーザテストのための部屋（ユーザビリティラボと呼ばれ、ハーフミラーを入れて外部から観察できるようにしている部屋）で、評価対象となる機器やシステムを利用した課題を設定し、ユーザにはその課題を解決することを求めて、第8章で説明したような、課題解決の結果や過程（プロセス）に関するデータを収集して評価することになる。開発途中で試作品を使って評価する場合には、試作の段階や状況に応じて課題を変えて、同じように評価を行っていくことになる。

次に、インスペクション法とは、inspectionという英語の意味から判断できるように、検査や査察という意味であり、評価対象の専門家であるinspectorが行う評価であり、エキスパートレビューという言い方もある。黒須（2016）によれば、事前に短時間で問題点を洗い出すには有効な方法であり、上で述べたユーザビリティテストの課題を設定するなどの準備段階で、インスペクション法を実施することもあるという。

このように、ユーザビリティテストもインスペクション法も、製品開発という実践と密接に関わっており、実践研究として捉えるのが妥当であろう。

3.2. ユーザ経験の評価、長期的ユーザビリティの評価

第15章で説明するが、ユーザ工学では、ユーザビリティ（使いやすさ）の考え方に加えて、ユーザ経験と呼ばれる概念の必要性が主張され

るようなってきた。

さらに、前述のユーザビリティテストやイスペクション法によるユーザビリティ評価の問題点として、短期のあるいはその評価時のみの評価に過ぎないことがあり、当該の製品やサービスを長期間利用してのユーザビリティとその変化を評価する必要があることも認識されるようになってきた。

そこで、そのような評価手法として、黒須（2016）は、経験サンプリング法、当日再構築法、時間枠ダイアリー、AttrakDiff、UX カーブを挙げている。このうち、経験サンプリング法は、第 11 章でも紹介したものである。これらの評価も、ユーザビリティテストやインスペクション法以上に、製品開発という実践と密接に関わっており、やはり実践研究として捉えるのが妥当であろう。

3.3. 介入研究、プログラム評価

第 11 章で、「言葉のやり取りによる研究」として、すなわち、言葉のやり取りによって働きかけをして、そのやり取りが行われた現場を変えていこうとする志向を持つ研究の進め方ということで、介入研究として挙げたものである。

介入研究ということでは、臨床心理学という領域自体が実践そのものということができ、いわゆる臨床的な介入によって、問題解決がなされることが目的とされている。ユーザ調査法との関係については、インターネット依存やゲーム依存など、デジタルメディアが人間にもたらす悪影響について研究や、そのような状況をいかに克服するかという臨床的な介入といった研究がある。

さらに、教育心理学や教育工学などの教育実践における教育的な介入ということも挙げて良いだろう。各種のデジタルメディアやコンテンツ

による効果的な教育方法についての研究は、ユーザ調査法の一例であると十分に見なすことができるだろう。

介入研究という文脈では、プログラム評価を取り上げても良いだろう。社会プログラムや心理教育プログラム、行政機関の政策によるヒューマンサービスに関わるプログラムなど、実施したプログラムに関して体系的に査定を行って、当該のプログラムの存続やその質向上に向けて有用な知見を提供する研究活動である。情報学に関連する政策や各種プログラムなどの評価は、ユーザ調査法として行うことも可能であろう。

3.4. メディア社会文化研究

放送大学の科目で、以下がある。

水越伸「メディア論（'18）」

この科目で扱われている内容は文字通り、メディアという概念を中心にして、人間と社会あるいは文化との関連の諸相を扱っているわけであるが、本章で取り上げた、事例研究、エスノグラフィー、実践研究を方法論として採用しているものが多々あるので、読者の関心に応じて参照されたい。

4. ユーザ調査法の枠組みについて

本章の最後に、図12-1を示して、ユーザ調査法の研究枠組みについて私見を述べてみたい。

この図は、第8章で、「課題解決に関する観察のタイプ」と題して示したものに基づいて作成したものである。題して、「人生という課題解決に関する観察のタイプ」としている。

この図では、人生の始まり（誕生）から今現在までの時間軸にそっ

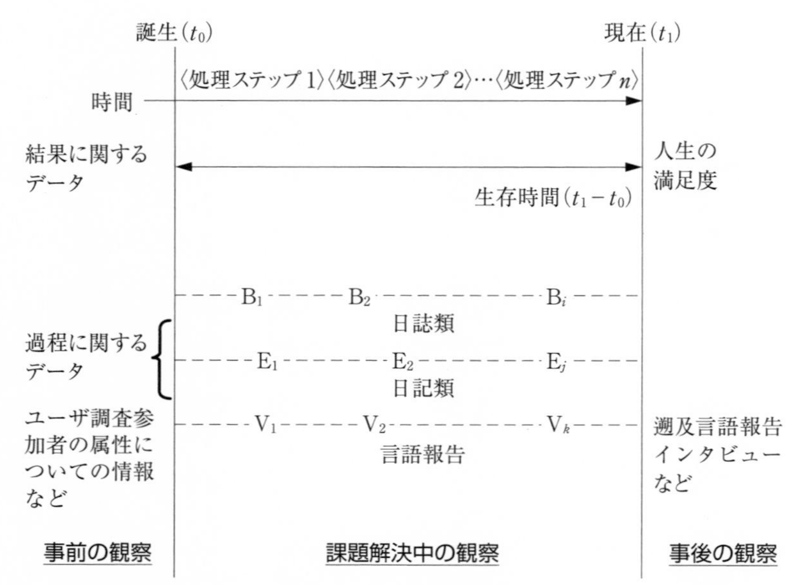

出典：Ericsson & Olver（1988）p.403 Figure 14.1 より翻案（一部改変）

図 12-1　人生という課題解決に関する観察のタイプ

て、その都度その都度の課題解決について処理をして、現在に至っていることを示している。今現在の総合的な評価として「人生の満足度」とした。生存時間は年齢でよい。以上が、結果に関するデータと見なすことができるだろう、ということである。

過程に関するデータとしては、第 11 章で扱った、談話分析や会話分析の元になる言語報告データと、日記や日誌類となる。人生のその都度その都度の課題解決の場面で、このような談話・会話や日記・日誌が生み出されて記録されていく、ということである。第 11 章の最後で触れた「経験サンプリング法」の現代版では、ライフログと言うべきデータも同期して記録することができるようなツールやシステム開発も行われており、第13章の生理的評価でも触れることになる。

こうして、第8章で紹介した「課題解決に関する観察のタイプ」の図について、時間分解能を調整することで、この観察方法の考え方を「人生という課題解決」に柔軟に拡張していくことができると考えることができるだろう。

これはある一人の人の人生とその観察のタイプとを模式的に描いたものにすぎないが、それぞれ別の人が同じように人生での課題解決を行って、その都度その都度、他人とも関わりながら、人生を送っていくということも想定することは十分に可能であろう。

学習課題

12.1　日常生活や仕事において、何らかの問題を解決するために、実践研究を行うとしたら、どのような方法で行うことができるか考えよ。

12.2　日常生活や仕事において、各種のメディアをどのように使っていて、どのような影響があると思うか、何らかのデータをもとにして考えてみよ。

引用文献

バトラー, D. A.　大地舜（訳）(1998)『不沈』実業之日本社

Ericsson, K. A. and Olver, W. L. (1988). Methodology for laboratory research on thinking：Task selection, collection of observations, and data analysis. In Sternberg, R. J. and Smith, E. E. (Eds.), *The psychology of human thought*. Cambridge, Massachusetts：Cambridge University Press. Pp. 392-428.

黒須正明（2016）「ユーザによる評価2：ユーザ経験（UX）とその評価」, 黒須正明・高橋秀明（編）『ユーザ調査法』放送大学教育振興会, Pp.206-221.

13 ヒトとしてのユーザを知る：生理学的測定

《目標＆ポイント》 （1）ユーザ調査において、ヒトとしてのユーザについて評価することの必要性を理解する。（2）ユーザ調査における、生理心理学的測定と神経心理学的測定の位置づけについて理解する。
《キーワード》 生理学、生理心理学、神経心理学、検査法

1．ヒトとしてのユーザ

本科目では、ユーザを科学的に知るための方法として、主に心理学における研究方法を参考にしてきた。本章では、むしろ、生物あるいは生命体としてユーザを科学的に知ることも大切であることを説明していきたい。最初に、そのような観点の必要性について検討しよう。

まず、ユーザが生物であるのは、ユーザが人間であることの前提となるということである。生物としての特性を持ち、生物としての状態を前提として、ユーザを調査しているということである。たとえば、第３章で、個人差として年齢について取り上げたが、加齢に伴う身体的な変化とそれに伴う心理的な変化とは、ユーザ調査において前提条件として研究者は把握しておく必要がある。また、ユーザは日常生活の中で病気にかかったり障害を負うこともあり、生物としての状態に制約が生じることも起こる。

第４章で観察法の分類において、人間の感覚の世界と観測器の世界と

について触れた。人間の感覚の五感とは、人間の進化の過程で獲得してきた能力であり、人間の生物としての特徴が反映されたものでもある。その意味でも、生理学的な評価手法について理解しておくことは大切であろう。

最近の情報学の発展に伴い、各種の可視化の技術が進展しているが、たとえば、認知神経科学における有力な方法と言われる、各種の脳機能画像技術はコンピュータ技術を駆使していることが知られている。ヒューマンインタフェース研究において、ブレイン・マシン・インタフェースと呼ばれる研究領域も存在しており、そこでは脳や神経系についての研究が前提となっている。医学やリハビリテーション領域と情報学、とりわけロボット技術との関わりも無視できないが、やはり、生理学や運動学などの研究が前提となっている。実用面でも、たとえばヘルスケアに関わるツールが開発され、一般人が利用しているわけだが、そのようなツールでは血圧や体温などの生理学的なデータが利用されている。

このように、生物すなわちヒトとしてのユーザという側面は、ユーザ調査の前提でもあり、ユーザ調査それ自体とも言えるわけである。そのことを、本章では、生理学的測定と題して検討していこう。とは言え、生理学や運動学や医学、さらには、生理心理学という領域は多岐にわたり、それぞれが専門領域に分かれ、研究の進展が著しいため、最新の状況については、受講生の興味関心に応じて、自ら調査されることを望みたい。また、測定器具が高価であるものも多く含まれており、一般人が利用することは事実上不可能なものも含まれていることは断っておきたい。

2. 生理的状態と心理的状態

2.1. 覚醒度

ユーザが情報通信機器やサービスを利用している際には、ユーザはその感覚器によって外界からの情報を入力し、中枢神経系で処理を行って、運動器によって操作をする、ということを繰り返している。その際に、最初に問題となるのが、人間の意識とその水準という問題である。すなわち、人間は、覚醒している状態と睡眠とを繰り返して日々生活してしており、生体リズムを刻んでいるとも言われている。

意識心理学では、人間の意識は、覚醒、アウェアネス、自己意識の３つの水準が区別されている。

• 覚醒 arousal/vigilance　生物学的覚醒とも言われ、睡眠と対をなし、刺激を受容する準備ができている状態とされている。

• アウェアネス awareness　刺激を受容している状態、あるいは運動をしている状態のことである。いずれも、特定のものごとに対する状態であり、志向的意識という言い方もある。感覚や知覚と同じとも言える。

• 自己意識　リカーシブ recursive、すわわち自己再帰的あるいは自己言及的な意識のことをいう。自分自身で自分の意識が分かり、他人の意識も推測することができ、ひいては社会的な意識も可能となる水準である。

こうして、生体活性度と言われるが、覚醒度や生体リズムを測定しておくことができる。

2.2. ストレスや疲労、メンタルワークロード

ユーザが情報通信機器やサービスを利用している際の生理的状態につ

いて、大きな問題となるのが、ストレスや疲労ということである。ストレスも疲労も、それ自体が研究対象となっているテーマであり、現代の情報化社会においてますます重要な研究テーマと言える。

ストレスはさまざまな原因（ストレッサーと言われる）によって引き起こされるが、その結果、心身に負荷がかかり、生理的な状態の変化として現れることが知られている。その変化を測定しておくこともできる。一般に、生体には、その内部環境を一定に保つ機能があり、ホメオスタシスとして知られている。そして、その機能の担い手ということで、神経系（特に自律神経系）、内分泌系、免疫系の３つであると言われている。それぞれの系について、その生理学的な状態を測定して、バランスの乱れを評価しようということである。

疲労はストレスが原因で起こることもあるが、一般的には、各種作業の量や負荷（ワークロードと言われる）というテーマで研究されてきたことである。また、特に心理的な負担という側面については、メンタルワークロードと言われている。メンタルワークロードも疲労も、その程度について生理的な状態として測定しておくこともできる。

以上、生理的状態と心理的状態との関係について、吉川（2006）がまとめている表13-１を参照されたい。詳しい説明は割愛するが、それぞれの生理的状態が、どのような生理指標で測定することができるのか、さらに、心理的状態とどのように対応しているのかを一覧するのに便利であろう。

3. 生理心理学の観点から

次に、人間の感覚がどのような器官によって営まれているか、簡単に振り返っておこう。感覚については、第５章で示した表５-１を、表13-２として再掲しておく。

表 13-1　生理的状態と心理的状態との関係

系	生理指標	生体活性度		ストレス		メンタルワークロード	疲労度◎は眼精
		覚醒度	生体リズム	恒常性	一過性		
循環系	心電図、心拍数		○		○	○	
	血圧、脈圧				○	○	
	容積脈波				○	○	
	血中 O_2/CO_2 濃度						○
呼吸系	呼吸数				○	○	
	呼気中 O_2/CO_2 濃度						○
脳神経系	脳電位図	○			○	○	
	誘発電位図				○	○	
	CNV				○	○	
視覚系	眼球電位	○				○	◎
	瞬目					○	◎
	瞳孔径					○	◎
	焦点位置					○	◎
身体運動系	筋電図、誘発筋電位					○	○
	身体各部運動軌跡（重心位置など）	○					○
生理代謝系	皮膚電気活動	○			○	○	
	フリッカー値	○					◎
	体温、直腸温、鼓膜温		○		○		
	顔面皮膚温分布		○		○	○	○
	発汗量	○			○	○	○
内分泌系	カテコールアミン、コルチゾル			○	○		

出典：吉川（2006）p.146　表4.8

表13-2にあるように、各感覚器官の働きについて生理的な測定をして、心理的な尺度との関係を見ることが行われる。

人間は、これらの感覚に基づいて、記憶、言語理解、問題解決といった、より高次の認知的機能を実現している。そうして、ユーザが情報通信機器・サービスを利用する際も、これらの認知機能によって実現され

表 13-２　感覚の種類

感覚様相	適刺激	感覚受容器	感覚中枢
視覚	電磁波（可視光線）	眼球／網膜内の錐体と桿体	大脳皮質後頭葉 視覚領野
聴覚	音波	内耳／蝸牛内の有毛細胞	大脳皮質側頭葉 聴覚領野
味覚	水溶性味覚刺激物質	舌の味蕾内の味覚細胞	大脳皮質側頭葉 味覚領野
嗅覚	揮発性嗅覚刺激物質	鼻腔上部の嗅覚細胞	嗅脳および嗅覚領野／ 大脳辺縁系
皮膚感覚			
触覚	機械的刺激	皮膚内のメルケル細胞、マイスナー小体、パチニ小体、クラウゼ終棍など、さまざまなタイプの感覚細胞*	頭頂葉、体性感覚野および小脳
圧覚	機械的刺激		
温覚	電磁波		
冷覚	電磁波		
痛覚	すべての強大な刺激		
自己受容感覚**			
平衡感覚	機械的刺激	半器官内の有毛細胞	頭頂葉、体性感覚野および小脳／間脳
運動感覚	機械的刺激	筋・腱・関節内の感覚細胞*	
内臓感覚	機械的／化学的刺激	内臓に分布する感覚細胞*	

（注）*これらの感覚受容器は筋・腱・関節や内臓にも存在し、皮膚感覚に対して深部感覚と呼ばれることもある

**これらの感覚は円滑に機能する間はあまり意識されず、むしろ機能が損なわれた時にめまいや痛みが感じられる。内臓感覚は普段は空腹、渇きや尿意のような複合した感覚として感じられる

出典：渡邊（2014）p.27　表１-１より改変

ているわけである。このことは、第５章の最初に、「人間の認知を知る」と題した意図ととして説明したことである。

最近の生理心理学の研究、さらには、認知神経科学の研究においては、このような高次な認知機能についての研究も盛んに行われており、そこでは各種の脳機能画像技術が利用されている。ここでは、八田（2003）がまとめている表13-３を示す。

この表13-３には項目として挙がっていないが、近赤外線スペクトロスコピィ NIRS という方法も有力であることが知られているので、岡田

表 13-3　脳機能画像技術

測定法	目的	特徴	時間 分解能	空間 分解能
脳波 EEG	脳の電気的活動の測定	細胞外電流の電位分布	○	×
脳磁図 MEG	脳の磁気活動の測定	細胞内電流による磁気測定	○	○
コンピュータ断層撮影法 CT	脳内組織の形態の測定	X 線透過率の部位差を画像化	×	○
磁気共鳴映像法 MRI	脳内組織の形態の測定	パルス磁気を加え、水素などの核磁気共鳴を計測、画像化	×	○
機能的核磁気共鳴画像 fMRI	脳内組織の機能の測定	パルス磁気を加え、酸素などの核磁気共鳴を計測、血流量、代謝量を画像化	×	○
陽電子断層撮影 PET	脳内組織の機能の測定	脳細胞で代謝される物質を同位元素で標識して計測、血流量、代謝量を画像化	×	○
シングルフォトン断層法 SPECT	脳内組織の機能の測定	金属元素の放射性同位元素で標識し計測、血流量を画像化	×	○

出典：八田（2003）p.160　表 7.1 を改変

(2018) を引用して補っておく。近赤外線スペクトロスコピィ NIRS は、「活性化された神経細胞付近の血流量が増加することを利用した方法であり、頭皮上のある点から近赤外線を脳に向けて照射ブローグから照射する。血中のヘモグロビンの量により近赤外線の吸収される量が異なるので、反射してくる近赤外線を検出用ブローグで測定することによりヘモグロビン量の変化を検出できる (p.208)」というものである。

表 13-3 に挙がっている方法は、脳の高次の機能も含めた研究において利用されているものである。いずれも、非侵襲の測定方法という点も、特に、意味がある。しかし、それぞれの測定法は、物理学や生理学

などの基本的な知識と画像化という情報学の知識や技術のもとに成立していることは忘れてはならないだろう。

さて、表 13-3 には、各測定法の時間分解能・空間分解能の観点からみた評価も記されている。このことに関連して、図 13-1 も示しておこう。これは、ポスナーとレイクル（1997）がまとめているものであり、薬理学や分子生物学が対象とする分子やシナプスから、脳機能画像技術が対象とするコラムやマップまでと、人間の一生の内、それぞれの科学がどの範囲を対象としているかを示しているものである。上側の図は、利用可能な技術が全て含まれているが、下側の図は、人間に適用できない技術は全て除いてあり、人間に関する研究が制限されていることが理解できる。

第 14 章で多面的な観察について検討するが、その中には、生理的評価についても含めて、まさに総合的にユーザを観察して評価するべきことを提案している。その際には、各測定技術の時間分解能・空間分解能の特質を見極めないと、総合的な評価ができないであろうということである。

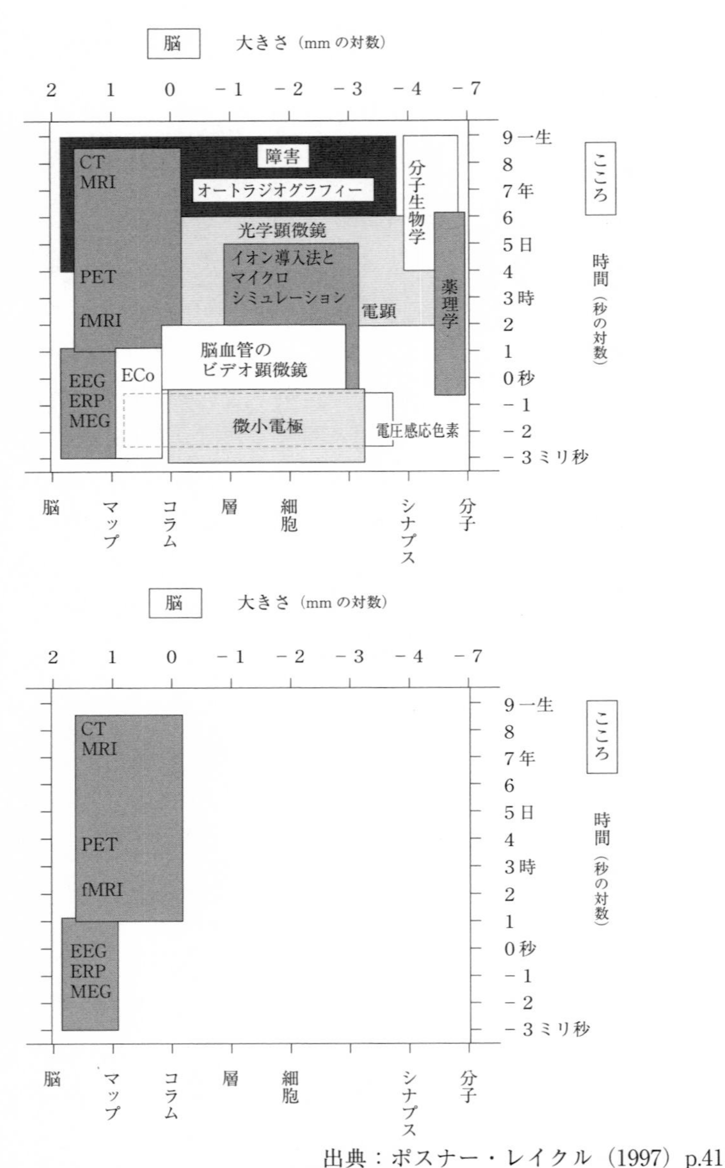

出典：ポスナー・レイクル（1997）p.41

図 13‒1　脳を観る技術

4. 神経心理学の観点から

神経心理学は、脳損傷患者の機能障害から脳の各部位と精神機能との関係を解明することを目的としている。神経心理学の分野では、各種の検査を総合して患者の状態を診断しようとしている。そこで、まずは、検査法について、簡単にまとめておく。

4.1. 検査法

検査法としては、（1）知能検査や作業検査のように、各種の課題遂行の様子や結果に基づいて判定するもの、（2）質問項目への回答による検査、（3）各種の刺激に対する反応や描画に基づいて判定するもの、（4）脳画像や生理指標に基づいて判定するものなどがある。この内、（4）が本章で説明してきた内容である。

検査法についても、専門的な知識と利用にあたっての訓練が必要であるが、どのような検査があり、どのような情報を得ることができるかを理解しておくだけでも、ユーザ調査にも役立つであろう。

4.2. 神経心理学的アセスメント

小海（2015）によると、神経心理学的アセスメントは、（1）高次脳機能障害のスクリーニング、ばかりでなく、（2）障害プロフィールの把握、（3）知的障害者福祉法や精神保健福祉法、さらには成年後見制度への法改正などにより、法手続きにおける能力判定の補助的資料の提供といった目的があり、定期的に再検査をして、（4）より適切なケアを行うための一助となるために行うものであるとしている。そして、神経心理学的アセスメントの方法として、（1）生活史および病歴、（2）行動観察、（3）面接、（4）神経心理・臨床心理テスト、（5）医学的テスト、などの情報から総合的に判断することが大切であるとしている。

5. 情報学の観点から、関連ツールやシステムについて

本章の最初に、ヘルスケア関連のツールが開発されていることも、ユーザ調査において生理的評価の必要性を示していることを述べた。第12章で、特徴的な日記法として、チクセントミハイリによる経験サンプリング法について触れたが、最近の情報通信技術（特に、ウェラブルセンサーやIoT技術）を用いた経験サンプリングのための新しいツールやシステムも開発されてきている。ユーザ調査参加者にとっても、自分の行動や意識に影響されることなく、長期間にわたり各種のデータが収集されるようになってきていると言える。「量化された自己」という概念も提出されており、心理学的にも興味深いものである。

思えば、本章で紹介してきた、各種の脳機能を見える化する技術は、情報学との関連が深いものである。さらに、人間の生理的な状態についてのデータをサンプリングする技術も開発されており、ますます、この生理的評価と情報学との関連が深まっていくであろう。

学習課題

13.1　本章で学んだことを生かして、どのような情報通信機器を開発するべきであるか考えてみよ。

13.2　現在利用している情報通信機器やサービスの中で、本章の内容と関わりの深いことを分析してみよ。

引用文献

八田武志（2003）『脳のはたらきと行動のしくみ』医歯薬出版
小海宏之（2015）『神経心理学的アセスメント・ハンドブック』金剛出版
岡田隆（2018）『生理心理学』放送大学教育振興会
ポスナー, M.I.・レイクル, M.E. 養老孟司・加藤雅子・笠井清登（訳）（1997）『脳を観る：認知神経科学が明かす心の謎』日経サイエンス社
渡邊洋一（2014）「感覚の多様性」，行場次朗・箱田裕司（編）『新・知性と感性の心理―認知心理学最前線―』福村出版，Pp.24-35.
吉川榮和（編）（2006）『ヒューマンインタフェースの心理と生理』コロナ社

14 ユーザを知りつくす：多面的観察

《目標＆ポイント》 （１）多面的観察の必要性を理解する。多面的観察では、さまざまなデータを時間推移表にまとめ分析することを理解する。（２）多面的観察の応用問題として、エラー分析・事故分析について学ぶ。
《キーワード》 多面的観察、時間推移表、エラー分析、事故分析

1．多面的観察

ユーザ調査は本来多面的に行われている。たとえば、実験的な方法で調査した後、ユーザ調査参加者に実験に参加して自由に感想を聞くことは当たり前に行われるが、これは実験的な方法とインタビュー法とを組み合わせて、多面的にユーザ調査参加者について調査を行っているわけである。一方で、多面的な観察を計画的に行って、ユーザ調査参加者を調査して、ユーザ調査参加者について知り尽くそうということも行われている。

第８章で説明したように情報通信機器の利用は一種の課題解決として捉えることができる。そこで、第２章で説明したように、ユーザ調査参加者はいろいろなモード（身体、五感、メディアなど）を媒介にして課題解決をしていると捉えることができる。従って、それらを可能な限り同期して記録して分析すれば、課題解決の過程を、より十全に調査することができると言える。マルチモーダル分析という方法もある（たとえば、Norris（2004）など）。

一方で、海保・田辺（1996）が述べているように、人間は強システム構造であり（つまり、システム全体としてまとまっており、部分間が強く影響し合っているので）、ある特定の機能のみを孤立させて計測することは困難である。よって、多面的な観察（計測）によってしか、人間を十全に観察することはできないとも言えよう。

第8章で、ユーザ調査参加者の情報通信機器やサービスの利用を課題解決の過程として捉え、ユーザ調査参加者の認知の過程と結果とを調査する方法について紹介した。本章では、そこで簡単にしか説明できなかった方法についても詳しく紹介するとともに、それらの方法を多面的な観察として統合する方法についても紹介する。

1.1. 課題解決の過程としての行動の変化

まず、第8章でも図8-1として示したが、図14-1を再掲する。第8章では、認知過程の調査方法として、この図のうち、同時言語報告と眼球運動（注視点）とについて、言語プロトコル法と視線分析法として説明した。また、動作の系列のうち、ログ分析については第10章で扱っている。ここでは、動作の系列のうち、行動の変化について詳しく説明する。

これは、課題解決中のユーザ調査参加者のさまざまな行動の変化のことである。たとえば、場所の移動（位置の変化）、姿勢や身振り手振りの変化、表情の変化などがある。

- 場所の移動（人間の位置の移動）

情報通信機器の利用が、決まった場所において1人で行われる、という場合には、問題にならない。しかし、携帯端末のように情報通信機器の利用が、人間の移動とともに場所が変わり、また複数の人が関与するという場合には大いに問題となる。

携帯端末でも、たとえば、巨大プラントの運転制御室のような閉じた空間で利用する場合であれば、その閉じた空間のどこで、どのような向きで、誰に向かってあるいは何を利用したかは、重要な知見をもたらすであろう。一方で、携帯電話のようにオープンな空間で特定不可能な人によって使われる場合でも、携帯電話がどこで使われたかは、その利用のあり方を示す情報を与えるであろう。

- 姿勢や身振り手振り、表情の変化

情報通信機器の利用が決まった場所において１人で行われる場合でも、その当該の人間は、その情報通信機器の利用に関わる操作のみをしているわけではない。その利用に関わる操作をしている場合でも、体の姿勢、身振り手振りといったジェスチャーも変化するであろう。また、表情も変化するであろう。これらの行動の変化も、情報通信機器利用についての情報を与えてくれる。

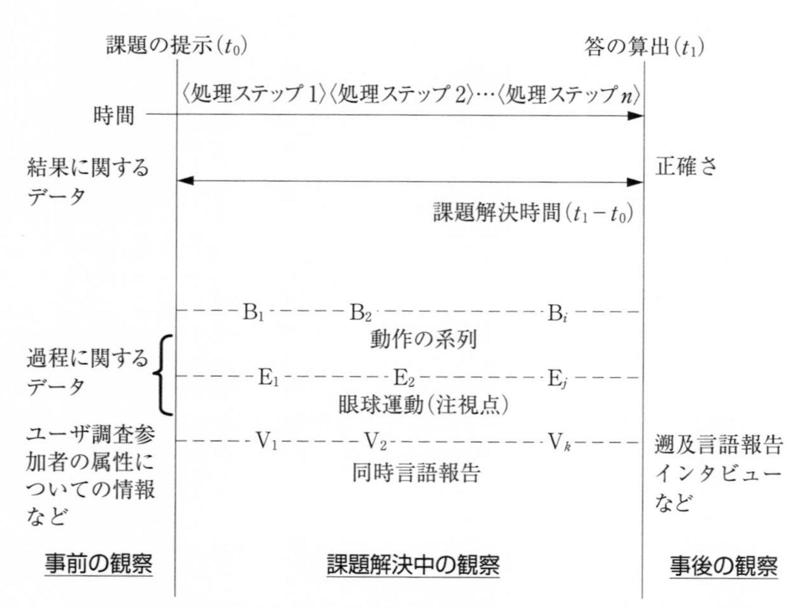

出典：Ericsson & Olver（1988）p.403 Figure14.1 より翻案

図 14-1　課題解決に関する観察のタイプ

1.2. 探索的時系列データ解析

さて、多面的観察によって得られたデータを分析する方法論として、ここでは、探索的時系列データ解析（Exploratory Sequential Data Analysis（以下、ESDA））を取り上げる。ESDAと相性のよい方法には、言語プロトコル分析ばかりでなく、課題分析、過程トレース法、会話分析、相互作用分析、ビデオ分析などが含まれる。

サンダーソンとフィッシャー（Sanderson & Fisher 1994）は、ESDAを以下のように定義している：「ESDAは、（通常記録された）システム・環境・行動の各データを分析する経験的な営みであり、それらのデータには事象の時系列的な統合が保存されている。ESDAは、(a)研究や設計の問題との関連でデータの意味を探求し、(b)方法論的には1つ以上の実践の伝統によってガイドされており、(c)（少なくとも開始時には）探索的なモードでアプローチされる（p. 255）。」

図14-2に、ESDAの概略を示す。ESDAは、ある形式的概念と分析の実践とのガイドによって、科学あるいは設計の問題から最終的なある科学の言明までの過程である。素時系列とは、観察されるべきシステム・環境・行動の事象の集まりである。ログと記録とは、コンピュータのデータログとして収集されるか、ビデオテープや音声テープ上に記録されたものである。科学の言明とは、分析の結果得られた結論であり、最初の科学あるいは設計の問題に対する答えである。形式的概念とは、研究者が好んでいるであろう、特定の理論的背景や分析テクニックである。研究および設計の問題とは、観察を行う際の研究者の最初の動機である。書き起こしとは、研究者が最終的な言明に向かって、データに対してさまざまな操作を行った結果を示す。

この図の矢印はさまざまな関連を区別している。細線矢印は、概念やアイデアによってガイドされていることを示す。黒太矢印は、データが

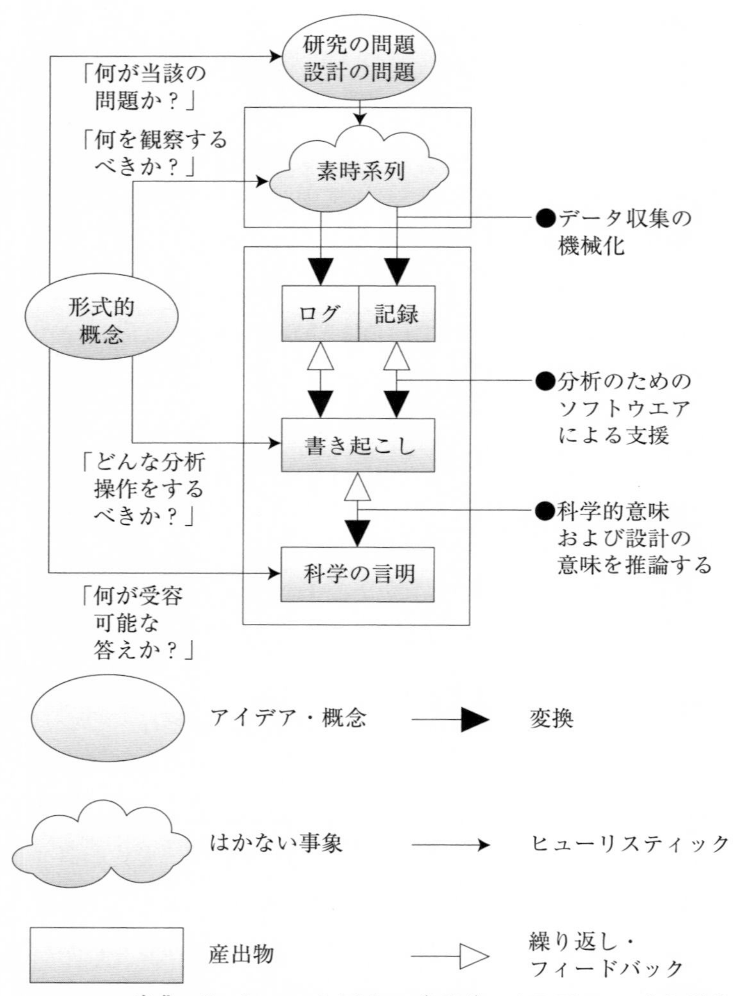

出典：Sanderson & Fisher（1994）p.255 Figure1 より翻案

図 14-2　探索的時系列データ解析

さまざまに変換されることを示す。白太矢印は、繰り返しやフィードバックを示す。

形式的概念は、ESDAの過程の節目で、鍵となる問いを発することによって、その過程に大きな影響を及ぼしている。また、素時系列からログ・記録への変換と、ログ・記録と書き起こしとの間の変換・フィードバックとには、さまざまな技術的な技法が駆使されることになる。

- 時間推移表にまとめ分析する

多面的観察の1例としてESDAを紹介したが、多面的分析は、さまざまなデータを時間軸に沿って並べて、それぞれのデータごとに変化のパターンを抽出すると同時に、データ間の変化のパターンについても同様に抽出する作業を行うことになる。

仮説検証を目的としたユーザ調査においては、調査目的に応じて、分析する対象が決まってくる。一方で、仮説生成を目的としたユーザ調査の場合には、得られたデータから、ある種のパターンを抽出する作業を絶えず繰り返すという質的分析を行うことになる。

1.3. 時間分解能と空間分解能

上記の探索的時系列データ解析では特に取り上げられていなかったが、第13章で説明してきた通り、生理学的測定で得られたデータも、この探索的時系列データ解析の一つの評価項目として加えて、多面的な観察を行うことが可能であり、そうするべきであろう。

ただし、第13章でも説明してきた通り、生理学的測定にはさまざまな方法があり、図13-1で示した通り、それぞれの測定方法によって、その測定の時間分解能と空間分解能とは一致していないことに注意する必要がある。

さらに、第12章で、第8章の図8-1（本章で図14-1として再掲）

を「人生における課題解決の観察のタイプ」と見なすことができることを説明したが、そこでも、時間分解能と空間分解能とを柔軟に捉えることができることを述べてきた。

こうして、文字通り、研究の目的に応じて、多面的に取るべきデータを決めて、総合的な解釈ができるように、分析と総合とを繰り返す、ということをすることができるであろう。

2. エラー分析・事故分析

第5章から第13章まで、さまざまなユーザ調査法について説明してきた。本章ではさまざまな調査法を総合的に利用する多面的観察について説明した。そこで、多面的観察の応用問題という意味で、エラー分析・事故分析について説明する。

情報通信機器やサービスに関するエラー分析や事故分析によって、情報通信機器のどこにどのような問題があったのか？　ユーザのどの利用の仕方に問題があったのか？　あるいは、人間はその利用においてどこでどのように問題を起こしやすいのか？　分析を行い、当該の情報通信機器の開発や利用方法の提言に生かすことができる。

情報通信機器やサービスはシステムとして捉えることができるゆえに、システム全体としてエラー分析や事故分析を行う必要がある。しかし、システム全体とは何か、あらかじめ決めておくのは困難である。第2章において説明したように、ユーザ個人が個人の責任で、情報通信機器を利用している場合を除けば、情報通信機器の利用とはある集団や組織を前提としている。そこで、エラー分析や事故分析においても、集団や組織としての意思決定や課題解決の過程も分析の対象とせざるを得なくなる（たとえば、高橋（1993）など）。

海保・田辺（1996）は、事故分析は逆問題（つまり、因果関係の時間順序とは逆をたどって結果から原因を推定する問題）であるので、分析者自身のヒューマンファクターが深く関与するとしている。また、事故は人的・物的な損害をもたらすので、その損害を補填するために事故責任が問われるので、検事・警察的立場からの原因分析になりやすいとしている。そこで、海保・田辺（1996）は、弁護士的立場でより事実に近い原因を発掘していくことを重視し、具体的に、設計者からユーザや管理者まで幅広く関与した「人」を分析対象とし、単線型の原因結果よりもネットワーク的な視点を持ち、安易に分析を止めない、ことを勧めている。つまり、問題を順問題（つまり、因果関係の時間順序通りに原因から結果を求める問題）として解いてみることを重視している。

そのための方法として、本章で説明してきたように、さまざまな人が、さまざまな場所で、どのような機器を利用して何をしていて、結局のところエラーや事故に至ったのかを時間推移表にまとめる作業から始めることになる。

そのような方法の１例として、畑村（2005）のシナリオ立体表現を紹介しよう。これは、「失敗知識データベースの構造と表現」という科学技術振興機構の事業において、事故や失敗を表現する方法として開発されたものである。

この事業では、情報通信機器に限らず、世の中には、さまざまな失敗が繰り返されているが、失敗を起こさないために、過去の失敗の事例集を作ることが行われてきた。そこで失敗知識の伝達をより効率的に確実に進めるために、失敗事例を分析しデータベース化しようという試みである。そこで、畑村は、失敗まんだらと呼んでいる表現を採用した。失敗情報を伝えたい人は、まんだらを下から上にたどることで具体的な事例を抽象的な概念と知識化することができ、失敗情報を知りたい人は、逆にまんだらを上から下にたどることで抽象的な概念から失敗の具体的内容を知ることができるわけである。

失敗まんだらは、原因のまんだら、行動のまんだら、結果のまんだらからなる立体的なシナリオ表現である。原因のまんだらは、無知や不注意など個人に起因する原因から、企画不良や価値観不良など組織に起因する原因がまとめられている。行動のまんだらは、計画・設計、製作、使用という物への行動と、操作、動作、行為という人の行動がまとめられている。結果のまんだらは、機能不全、不良現象、破損という物への結果から、二次災害という外部への影響を伴う結果、身体的・精神的被害という人への結果、組織の喪失、社会の損害という組織・社会への結果、未来への被害というこれから必ず起こる結果、ヒヤリハットや潜在

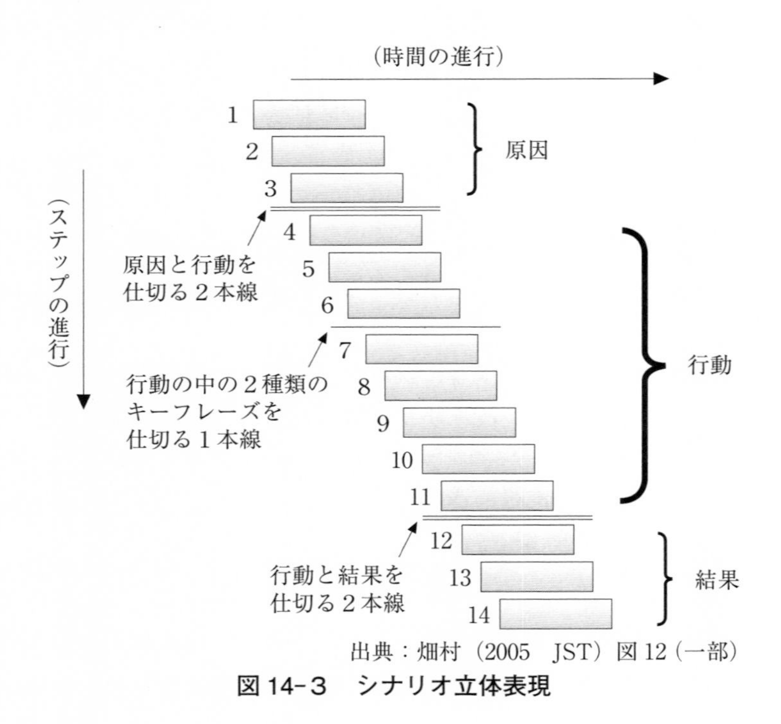

出典：畑村（2005　JST）図12（一部）

図14-3　シナリオ立体表現

危険など起こるかもしれない結果とまとめられている。

失敗事例を表現するために、図14-3のようなシナリオ立体表現に基づいた対角線図を提案している。明らかに時間軸に沿って分析しており、このような畑村の試みも、多面的な観察の事例と言えよう。

学習課題

14.1　日常生活でよく利用している情報機器や機器を取り上げて、多面的な観察によってユーザ調査をしてみよ。

14.2　最近の大きな事故について、事故分析をしてみよ。

14.3　放送授業で紹介されている多面的観察の事例について、自分なりに分析をしてみよ。

引用文献

Ericsson, K. A. and Olver, W. L. (1988). Methodology for laboratory research on thinking：Task selection, collection of observations, and data analysis. In Sternberg, R. J. and Smith, E. E. (Eds.), *The psychology of human thought.* Cambridge, Massachusetts：Cambridge University Press. Pp. 392-428.

畑村洋太郎（2005　JST）『失敗知識データベースの構造と表現』，失敗学会HP［http://www.shippai.org/fkd/inf/mandara.html］（参照日 2019. 2. 25）

海保博之・田辺文也（1996）『ヒューマン・エラー―誤りからみる人と社会の深層』新曜社

Norris, S. (2004). *Analyzing multimodal interaction：A methodological framework.* Routledge.

Sanderson, P. M. and Fisher, C. (1994). Exploratory sequential data analysis：Foundations. *Human-Computer Interaction,* 9 (3 & 4), 251-317.

高橋秀明（1993）「心理学・人間工学から見た安全」，『国際交通安全学会誌』，19（4），237-247.

参考文献

エラー分析・事故分析については、引用文献で挙げた、海保・田辺（1996）のほかに以下が参考になる。

海保博之・宮本聡介（2007）『安全・安心の心理学　リスク社会を生き抜く心の技法 48』新曜社

また、柳田邦男の一連の著作は読み物としてもおもしろい。ここでは２冊のみ挙げる。

柳田邦男（1986）『マッハの恐怖』（新潮文庫）新潮社
柳田邦男（1986）『恐怖の２時間 18 分　スリーマイル島原発事故全ドキュメント』（文春文庫）文藝春秋

15 ユーザ調査法：まとめ

《目標＆ポイント》 （1）使いやすさとユーザ経験という概念について理解する。（2）人間中心設計プロセスの規格 ISO 9241-210 について理解する。（3）ユーザ調査の実務に必要なこととして、研究倫理や教示についての理解を深める。（4）ユーザ調査の研究計画書の内容について理解する。
《キーワード》 ISO 13407、ISO 9241-210、研究倫理、教示、研究計画書

---

1. ユーザビリティからユーザ経験へ

ユーザビリティについての研究は、主にユーザ工学という領域で進められてきたと言えるが、そこでは、ユーザビリティという概念に加えて、ユーザ経験（UX：User eXperience、ユーザ体験という訳もある）という概念の必要性が主張されるようになってきている。UX については研究者をはじめ関係者によって、さまざまな考え方が提示されているが、ここでは、黒須（2016）に従って説明していこう（図 15-1）。UX の概念によって、ユーザの経験をより「包括的に」かつ「長期的に」把握して評価する必要があるだろうということが関係者の間で考えられるようになってきた。

まず、包括的とは、設計品質と利用品質と区別して評価しようということである。設計品質とは文字通り設計の仕様による品質で、実際に利用される以前から想定されている品質ということである。利用品質とは実際に利用された段階での品質のことである。設計品質も利用品質も、

客観的な測定と主観的な測定とで評価される品質の側面があり、それらを掛け合わせて、4つの品質を区別することができる（図15-1）。ここでは、ユーザビリティは、客観的な設計品質としての「認知しやすさ（認知性）」「記憶しやすさ（記憶性）」などと、客観的な利用品質として従来のユーザビリティの定義として挙げられていた「有効さ」や「効率」などとして挙がっている。UXは、利用品質に関わる概念であるが、特に主観的な利用品質に、その代表である「満足（意味性）」に関わるとされている。

次に、長期的、とは時間的に拡張して評価しようということである。すなわち、当該の情報通信機器やサービスが開発され、市場に出回り、その機器やサービスを購入したり導入されたりして初めてユーザはユーザとなるわけであり、それ以前は、いわば消費者として位置づけようと

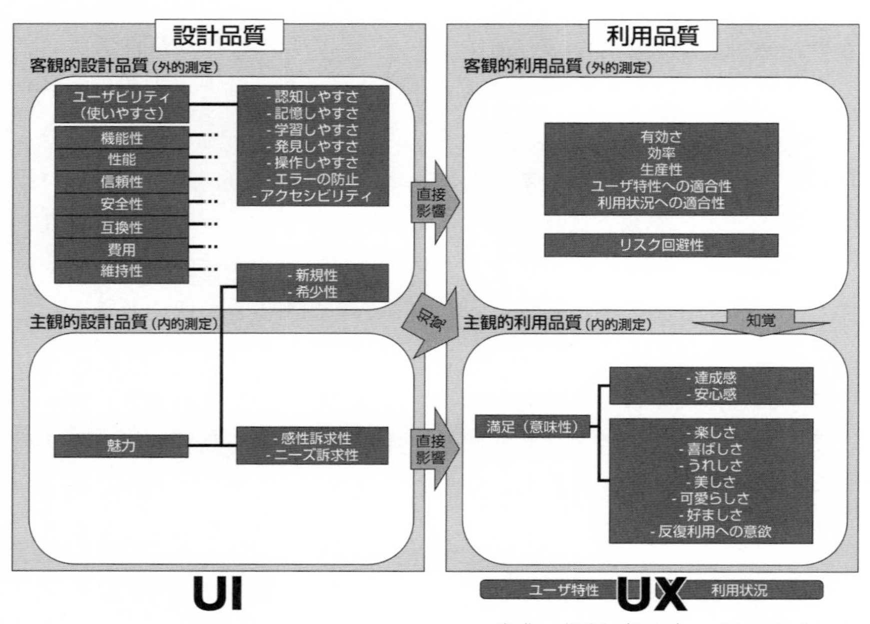

出典：黒須（2016）p.209　図14-1

図15-1　設計品質と利用品質

いうことである。そして、当該の機器やサービスについて、未来永劫ユーザであり続けることは稀であり、その機器やサービスを利用することを止めたり破棄したりして、また消費者に戻る、ということである。このことは、当該の機器やサービスを開発する企業の活動とも関連しているということである。

第12章で、ユーザビリティテストやUXの評価とは、実践研究として捉えることができると説明したが、以上のように、製品の開発や流通、製品のライフサイクルなどのあり方の中で行われる評価であるから、ということでもあったわけである。

2. ユーザ再考

さて、本科目で、さまざまなユーザ調査法について検討してきたが、その調査対象である「ユーザ」にはさまざまな種類があることに、読者も気づいたであろう。ここでは、黒須・高橋（2016）がまとめている、ユーザの種類を紹介しよう（表15-1）。

まず、ユーザとは、直接ユーザと間接ユーザとを区別することができる。直接ユーザ direct user とは機器やシステムと相互作用する人のことであり、間接ユーザ indirect user とは機器やシステムとの相互作用は行わないが、その出力を受け取る人のことである。

直接ユーザは、さらに、一次ユーザと二次ユーザとを区別することができる。一次ユーザ primary user とは一次的な目標達成のために機器やシステムと相互作用する人のことであり、二次ユーザ secondary user とは機器やシステムへのサポートを提供する人のことである。この内、一次ユーザは、さらに、能動的一次ユーザと受動的一次ユーザとに区別することができる。

表 15-1　ユーザの種類

直接ユーザ	一次ユーザ	能動的一次ユーザ
		受動的一次ユーザ
	二次ユーザ	
間接ユーザ		

出典：黒須・高橋（2016）表 15-1 を改変

以上を３つの具体例で説明してみよう。すなわち、（１）医療機器 MRI、（２）プロジェクタ機器、（３）業務システムの３つである。

（１）医療機器 MRI　第 13 章で、ユーザの生理的評価を行う方法の一つとして、脳機能計測について紹介したが、磁気共鳴画像法と呼ばれる大型の医療機器である。それぞれのユーザは、

能動的一次ユーザ　検査技師
受動的一次ユーザ　患者
二次ユーザ　メンテナンス担当者や医局の管理者
間接ユーザ　検査技師から結果を受け取る医師

ということになる。

（２）プロジェクタ機器　それぞれのユーザは、

能動的一次ユーザ　教室で ppt を投影する教師
二次ユーザ　管理担当者や機器導入の決裁者
間接ユーザ　授業を受けている学生

ということになる。

（３）業務システム　それぞれのユーザは、

能動的一次ユーザ　業務を行う社員
二次ユーザ　情報部門担当者と業務マネージャ
間接ユーザ　当該会社の製品やサービスを受ける人々

ということになる。

3. 人間中心設計プロセスの改定について

第１章で、人間中心設計の必要性について説明したが、そのプロセスは、1999 年に制定された ISO 13407 を参照した。ISO 13407 は、その後 2010 年に改定が行われ、現在は ISO 9241-210 になっているので、ここで説明をしておきたい（図 15-２）。まず読者には、改定前と改定後との図を是非とも比較していただきたい。いずれも概念図であるので、大差はないという評価もできようが、細かいことではあるがいくつか指摘しておこう。

まず、各プロセス間が矢印でつながれたことに気づくであろう。これは、人間中心設計の進め方、方向性をより明確に示しているということである。次に、４つ目のプロセスである「デザインを要求事項に照らして評価」から、４つに分岐していることも改定前との違いと言えよう。すなわち「デザインを要求事項に照らして評価」して「デザインによる解決案は要求事項に適合」していれば、この設計プロセスは終結するのであるが、適合していない場合には、その不適合の内容に応じて、３つ目の「ユーザの要求事項に適合するようにデザインによる解決案を作

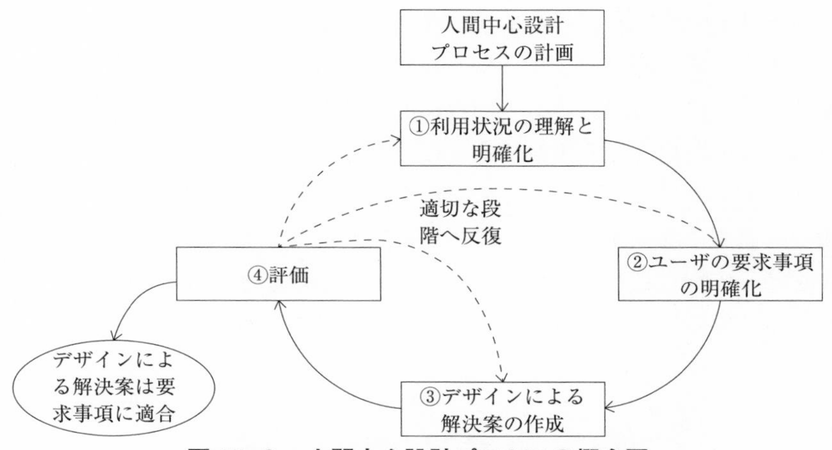

図 15-２　人間中心設計プロセスの概念図

成」に戻るばかりか、１つ目の「利用状況の理解と明確化」に戻ったり２つ目の「ユーザの要求事項の明確化」に戻ったりもするということである。

改定前のISO 13407では、このような適切に前のプロセスに戻ってやり直すということは、製品の設計や開発の現場では当たり前のように起きていることを見越して、４つのプロセス自体を挙げて、矢印ではなく線でつなげたのだという解釈もできるだろう。

なお、ISO 9241-210は、国際規格としてはじめてUXを定義しているということは指摘しておいて良いであろう。つまり、図で示された人間中心設計プロセスには、前節で説明したUXによる視野の広がりはうまく示されてはいないが、UXという概念自体が広く関係者に認識されるきっかけとなったと言うことができるだろう。

4. ユーザ調査の実務に向けて

本科目の受講生の多くは、仕事や研究において、ユーザ調査の必要性を感じているのであろう。実は、ここまでの各章で説明されたことを理解したとしても、まだ、ユーザ調査の実務に移ることはできないので、ここで補足をしておこう。

ユーザ調査の実務に移る前にするべきこととして、ユーザ調査の研究計画書を作成するということがあるが、それについては、次節で説明する。本節では、研究計画書の内容にも関連が深いことであるが、いわばその内容の前提となる事柄であると言える。

ユーザ調査においては、どの方法を取るとしても、研究者はユーザに対して調査に参加することを求める必要があり、通常は、言葉のやり取りを通して行うことになる。つまり、ユーザ調査という実務自体が、言葉のやり取りによって行うという意味で、広義の質問法を使っているのだと言えるわけである。そうして、ユーザ調査という特定の場を設定して、日時も決めて、ユーザ調査の実務に移ることができる。つまり、ユーザ調査という実務自体が、特定の場を設定するという意味では、広義の実験法を使っているのだと言えるわけである。こうして、ユーザ調査を行って終了したら、ユーザ調査という場を解消するために、やはり言葉のやり取りを行うことになる。

さて、質問法でも実験法でも他の方法でも同じであるが、ユーザ調査において、ユーザに実行してほしいことについては、教示を行う、ということはすでに説明した。そこで、ユーザ調査への参加を求めるための、そしてユーザ調査の終了を告げるための、一連の言葉のやり取りについても、広義の教示であるのだと言うことができるであろう。また、「ラポール」と言われることであるが、ユーザ調査参加者と研究者（ないし調査者や実験者）との人間関係にも注意しなければならない。つまり、ユーザ調査参加者が、研究者（ないし調査者や実験者）を信頼して、ユーザ調査に参加することができるように、人間関係を構築しておくことも大切となる。このラポールについても、基本的には、言葉のやり取りを通して形成することになる。こうして、このような広義の教示についても、その詳細を文書で作成しておく必要があるわけである。

これを、ユーザ調査の代表的な方法ごとに、具体的に説明しよう。

- 質問紙法・インタビュー法

教示：質問の内容自体ということである。質問紙法であれば、質問紙の文書、小冊子自体となり、インタビュー法であれば、質問内容や項目をインタビューガイドと呼ばれる文書で用意しておくということである。

広義の教示：調査協力の依頼内容、および調査後の通知内容を説明したものとなる。質問紙法であれば、これらの内容を記した文書を、質問紙本体の前後に付けることになる。対面で質問紙調査を行う場合には、口頭での説明内容についても用意しておく必要がある。インタビュー法であれば、前記インタビューガイドに、これらの内容を加えておく、ということになる（第７章の章末にインタビューガイドの例を示している）。

- 実験法

教示：ユーザに求める実験課題の内容についての説明のことである。どのような手順で課題に取り組み、どのような反応をするのか、課題解決の終了はどうなるか、といった内容になる。教示自体は、研究者が口頭で説明する、文書に書いたものを手渡す、コンピュータの画面で示す、といった方法を取ることができる。

広義の教示：実験は特別な部屋で行われるので、ユーザがその部屋に入ってから実験の準備ができるまで、実験が終わってユーザがその部屋から退室するまでについて、どのような言葉のやり取りを行って実験を進めていくのかを、理想的には台本の形で文書にしておくとよい。

第８章で説明した、言語プロトコル法においては、同時言語報告のやり方を事前に説明し練習しておくことを説明したが、立派に教示に相当している。視線分析法で、眼球運動測定器の説明をして、実際に装着してもらい、キャリブレーションをしてという準備が整ってから、本実験に移っていくわけであるが、この手続きも立派に教示に相当している。第 13 章の生理学的評価において、特別の観測装置を利用する場合にも、同様である。

- フィールド調査

第 12 章で扱った事例研究や実践研究では、その現場であるフィールドで研究を行うことになる。そこで、フィールドに入るためには、そのフィールドの責任者の許可が必要であるということである。しかしフィールドとは実際に入って見なければ、どのくらいの人数の人々が関わっているのか、誰が責任者であるのか分からないものである。フィールドに入ったとしても、日々、初対面の人に会ったり、結局のところ責任者が誰なのか分からないまま、ということも起こりうる。

学校や会社などをフィールドにする場合には、そのフィールドの責任者を同定することは容易であると思われるかもしれない。しかし、たとえば、学校であれば教育委員会などの関連する行政機関、会社であれば関連する親会社などなど、真の責任者は別にいた、ということも、フィールド研究を続けていくとわかってくることも多い。

このような社会的文化的なあり様を研究するのがフィールド研究の醍醐味であると捉えておくのがよいということも言えよう。いずれにしても、このような調査の前提に関わることを文書で用意しておくことは必要である。

研究倫理について

本節の最後に、研究倫理について簡単に説明しておこう。研究倫理とは、研究という活動が社会的な使命を帯びたものであり、研究者はすべての活動において倫理的な規範を守る義務があるという意味である。ユーザ調査においても同様であり、端的には、研究者は、ユーザ調査の対象となるユーザ調査参加者の人権を守る義務がある、ということである。

具体的には、本節で説明してきたが、調査自体を開始する前に、ユーザ調査参加者に調査協力の依頼をする段階から、実際にユーザ調査を行い、得られたデータの分析を行い、論文などにまとめて成果を報告し、得られたデータを管理する、といった一連の行程において、ユーザ調査参加者の人権を守るということである。実際の調査に先立ち、ユーザ調査協力の合意書を交わしておくとよい（章末に、三輪・青木（2016）による合意書の例を示している）。

実際のユーザ調査の方法については、本科目において具体的に説明してきた内容であるが、次節において、研究計画書で書くべき項目としてもあらためて説明する。なお、放送大学においても、研究倫理委員会を組織し、研究倫理審査を行っている。放送大学において、卒業研究や大学院（修士・博士）研究を行う場合には、指導教員と相談をして、研究活動に入る前に、研究倫理審査について検討しておくべきである。

5. ユーザ調査の研究計画書を作ろう

本科目の最後に、研究計画書について説明しよう。以下、研究計画書に書くべき項目に分けて説明していこう。研究方法を学んだので、実際に研究計画を立ててみよう、ということである。

（1）研究目的

最初にユーザ調査を行う目的を示す。通常は、先行研究をレビューして、先行研究における問題点や残された問題などを解決することが目的になるであろう。あるいは、研究者の問題意識から研究目的を設定することでも良いが、先行研究の調査は必須である。その結果、先行研究は無いと明言して研究を行うことは許される。仮説検証型のユーザ調査を行う計画であれば、目的の最後に、研究仮説を明示する。

（2）研究方法

(2.1）データ収集の方法

上の研究目的を達成するために、どのような研究方法を取るのかを示す。本科目で詳しく紹介してきたことである。具体的には、以下のような下位項目について示していく。

- 研究倫理審査　事前に研究倫理の審査を申請しておき、理想的には審査に通っておく必要がある。審査主体と審査結果報告文書の日付や番号などを明示しておく。
- ユーザ調査参加者　ユーザ調査の対象となる、あるいは調査に協力することを求めるユーザについて明示する。ユーザの個人属性、人数、などである。

本項については補足がある。実験計画法に基づいた実験を実施することを計画している場合には、実験の仮説に従って、母集団からユーザ調査参加者をランダムに抽出する手続きとサンプルサイズとを明示しておく必要がある（たとえば、村井・橋本（2017）を参照のこと）。ランダムサンプリングの手続きを踏めない場合にも、調査協力者の依頼の仕方や人数について明示しておく必要がある。

フィールド研究を計画している場合には、理想的には、当該フィールドとその責任者への依頼方法について明示しておく必要がある。

- 調査者　卒業研究や大学院研究でユーザ調査を行う場合には、おおかた、研究者と調査者とは同一人物であろうが、同一人物であっても、そのことを明示しておく必要がある。
- 材料　ユーザ調査の材料とは、質問法の場合には質問項目本体と、実験法の場合には実験課題となる。紙と鉛筆形式で実施するのであれば、その文書と筆記具となる。コンピュータで課題を設定しているのであれば、そのハードウエアやソフトウエアとなる。アプリを自作したのであれば、そのことを明示しておく。生理学的評価を行うのであれば、実験装置を明示するということもある。
- 手続き　データを収集する方法の具体的な手続きを追試が可能な程

度に詳しく明示しておく必要がある。ここには、上記「教示」に相当する手続きも含まれる。そして、前述の「材料」をどのように利用して、どのようなデータを収集するのかを明示するということである。

(2.2) データ分析の方法

前記のデータ収集の方法によって得られたデータをどのような方法で分析するのかを、この研究計画書の段階で明示しておく必要がある。本科目は基本的にはデータ収集方法について扱っているので、データ分析方法については、別途、受講生の必要に応じて各自で学んでほしい。そのための参考文献などは、本科目でも示している。

(3) 予想される研究結果

研究計画の段階ではあるが、どのような研究結果を得ることができるかを説明しておくと良い。仮説検証型のユーザ調査を行うのであれば、設定した仮説が実証されたか否かを確かめることができるので、本項を書きやすいであろう。仮説生成型のユーザ調査を行う場合でも、どのような仮説を生成することができるかを説明することは可能であろう。

(4) 予想される研究意義

上記、予想される研究結果を、最初の研究目的に対応させて、どのような研究の意義があると言えるのかを説明しておくと良い。

(5) 研究日程、予算など

最後に、いわゆるロジスティックと呼ばれることを明示しておく。卒業研究や大学院研究の場合には、それぞれの研究論文の提出日や発表会の日時が、研究の最終日と想定してよいであろう。その最終日に向かって、何をいつまでに実行する予定であるのか、研究日程を明示しておく必要がある。

さらに、研究に必要となるであろう各種の予算についても、見積もりをして明示しておくと良いであろう。

インタビュー協力の合意書

「○○調査」のためのインタビューにご協力くださり、ありがとうございます。このインタビューの所要時間は約○時間です。インタビューでは、発言の音声を記録いたします。これは、調査データに誤りがないことを後で調査者が確認できるようにするためです。これらのデータに、調査者以外の第三者が触れることはありません。また、調査結果の報告では、複数の回答者から収集したデータを統合した形で扱いますので、個人名が出ることはありません。インタビューへの参加を中断したい場合には、その旨お申し出があればいつでも中断します。

以上の条件で、「○○調査」のためのインタビューに協力することに同意します。

令和○○年○○月○○日（○曜）
協力者署名　＿＿＿＿＿＿＿＿＿＿
調査者署名　＿＿＿＿＿＿＿＿＿＿
調査者連絡先（住所・電話・メールアドレス等）

出典：三輪・青木（2016）より改変

学習課題

15.1　自分の研究テーマについて、ユーザ調査の研究計画書を書いてみよ。

15.2　自分の研究テーマに関連する先行研究を読んで、本科目で学んだ観点から、その先行研究を評価してみよ。

引用文献

黒須正明（2016）「ユーザによる評価２：ユーザ経験（UX）とその評価」，黒須正明・高橋秀明（編）『ユーザ調査法』放送大学教育振興会，Pp.206-221.

黒須正明・高橋秀明（2016）「ユーザ調査法：まとめ」，黒須正明・高橋秀明（編）『ユーザ調査法』放送大学教育振興会，Pp.222-237.

三輪眞木子・青木久美子（2016）「ユーザの心理を知る３：インタビュー法」，黒須正明・高橋秀明（編）『ユーザ調査法』放送大学教育振興会，Pp.88-103.

村井潤一郎・橋本貴充（2017）『心理学のためのサンプルサイズ設計入門』講談社

参考文献

放送大学研究倫理委員会／倫理審査については、以下を参照のこと。
https://www.ouj.ac.jp/hp/gakuin/irb/

索引

●配列は五十音順、欧文字は最後に掲載。

●さ　行

●た　行

●な 行

●は 行

●ま 行

●や 行

●ら 行

●（欧文字）

著者紹介

高橋　秀明（たかはし・ひであき）

1960 年　山形県に生まれる
1990 年　筑波大学大学院博士課程心理学研究科単位取得退学
現在　放送大学准教授
主な著書　メディア心理学入門（共編著　学文社）

放送大学教材　1570390-1-2011（テレビ）

新訂　ユーザ調査法

発　行　　2020 年 3 月 20 日　第 1 刷
著　者　　高橋秀明
発行所　　一般財団法人　放送大学教育振興会
〒105-0001　東京都港区虎ノ門 1-14-1　郵政福祉琴平ビル
電話 03（3502）2750

市販用は放送大学教材と同じ内容です。定価はカバーに表示してあります。
落丁本・乱丁本はお取り替えいたします。

Printed in Japan　ISBN978-4-595-32216-7　C1355